U0335924

本真的生活

尚丹◎著

华夏出版社
HUAXIA PUBLISHING HOUSE

山野之茶

茶汤就是茶人心灵的呈现，很考验茶人平时的修行。茶人只有放下自己回归自然，心茶合一，才能呈现一杯温润滋养的茶汤。

以道行茶

　　放下自己，做一杯行走的茶汤；呈现圆满，传递心香；用者精神益易，悟者心地清凉。

茶道的传承与礼仪

　　茶道之美，美在心灵自然地呈现；美在事茶的当下与自我连接时放松的样子；美在藉由一杯平和的茶汤，体现茶人和谐有爱的真心。

茶席上的美学

茶席插花最能表达茶人的内在审美，插花与茶互相呼应，合二为一，共同呈现一杯茶汤的圆满。

喝茶的禁忌

在事茶中，沉浸在清凉的茶道世界里，用心感受茶汤和茶道的平和宁静，这是比固定的形式和礼仪更重要的。

如何选择泡茶用水

　　纯净的心才能冲泡出温和的茶汤，滋养自己和他人。

知音难觅

　　君子之交淡如水。茶汤，淡一点甜一点；关系，真一点久一点。

信仰是茶

茶是归宿，无论我身在何处，只要坐下来安静地泡一道茶，身心就会立刻安顿下来，得到能量的补养。

越走越孤独

　　一个人时，我们的心境平和安宁，能看见真实的一切和自己，能听见自然中最美妙的声音，能与自然中的一切紧密相连。

关于觉醒

　　当觉醒后找到了圆满的自己，知道了生命的意义，我们就会珍惜每一天，不会浪费那么多的时间去焦虑和烦恼，会把更多的精力用来创造美好和欢喜的生活。

见山是山

"见山是山"如实照见，和历经千帆后"见山只是山"的意境是不同的，后者是知世故而不世故，是长途跋涉后的返璞归真，更为难得。

品味一杯茶汤

茶汤是一面镜子，人的一切情绪都可以通过茶汤映照出来。

此心安住一杯茶

当向外走，内心没有可求时，就圆满了。此心安住一杯茶。

重新发现茶道之美

坐下来安静地泡一道茶，放下手机等电子产品，放点轻音乐，或者不要任何声音，只是去听煮水的声音，全然地安住在当下，你就会得到治愈和能量。

行茶的心法

行的其实不只是茶，而是借茶修行、放下自己，内心因为茶道生发的智慧变得更加和谐圆满。

茶如人生

世间所有的美好，都像普洱茶一样，需要足够的时间，默默酝酿等待自然成熟，着急会错过最珍贵的部分。

无声胜有声

　　事茶十余年之久，我依然觉得一个人喝茶是十分美好自然的事，在安静的氛围中可以与茶深度连接，被茶洗礼滋养，启迪内在的智慧。

看淡宠辱得失

当不把重心寄托在身外之物上，不让外界的声音来主导自己的悲喜时，我们会活得更自在从容。

动静不二

在平衡的状态下，静中有动，动中有静，动静之间会相互调和。

翻开这一页，请放下对人世间的误解

目录

一　茶道哲学

知音难觅

君子之交淡如水。茶汤淡一点甜一点,关系真一点久一点。

茶,算是我人生中第一位知音了,它滋养我的身心,使我的生命本质得到升华,让我觉得人间值得。茶,教会我做一个知恩图报的人,我也没有辜负与茶的每次相遇。凡是在我手上的茶,我都会为它们准备合适的水、火、器皿和一颗专注的心,爱惜它们。每一次行茶,我都会用一颗慈爱的心去唤醒茶鲜活的第二次生命。我能感受到它的欢喜,我们彼此都因对方而变得更加自信美好。茶在茶器里自由沉浮的样子,像极了人的一生。

茶,融入我的生命,是调节我身心平衡的方式之一。喝茶,也成为我的生活方式,是我每天生活中修行的重要部分。早上做完早课,我忽然想喝点白茶。我对自己的身体比较了解,什么时候喝什么茶,我一般都会跟随身体的指引。于是我拿出

2015 年存放的白牡丹。当下正值清明时节，我担心身体受寒湿，就加了少许陈皮做拼配来中和茶性，没想到冲泡出来的茶汤口感温润甘甜，喝完后身体也觉得通透舒畅。

每当一款好茶所剩无几时，我的内心就会不由自主地生出一丝遗憾。人就是如此，总是等到事物快没有了才发现它的好。也许是人在变，品位在变，心路历程在变，茶也在变，节气也在变，一切都无时无刻不在变化中。所以，每一次喝的好像是同一款茶，但又会生出新鲜的、此前从未有过的美好体验。这就像身边的人，既熟悉又陌生，是他，又不是他，他很难再回到还是他的状态。大部分人的一生都遗憾地停留在见山不是山的阶段，特别是在当下社会。人会因受环境与身边的人或事影响，在不知不觉中变成另外一个人。有的人越变越好，尽己所能彰显人性中真善美的一面，温暖自己的同时也给周围的人带去希望，自己也活成了自己喜欢的样子；有的人却把人性中的贪婪邪恶发挥到极致，伤害自己的同时还要熄灭别人的光，自己也活成了自己讨厌的人。每个人的人生观不同，一切都是各自的选择和造化，但我始终觉得，人的后半生应该像可以存放的好茶一样，在静默的岁月中不断朝好的方向转化成长，使自己历久弥新，同时又能滋养需要的人。如此，漫长的一生才不会在单调无聊的重复中度过。很多人会说，好茶喝完再重新买就是了。非也，好茶跟好人一样，不是花钱就能够买到的，失去了就是失去了。

人与茶的遇见，就像世间其他的遇见一样，都是缘分一场。尽量别随意对待手中的好茶，可以自然，但不要随意。用随意的心态喝茶，无论喝多少年的茶，得到的也只是停留在感官上的体验而已，不会收获茶带给人的更深层次的体悟以及生命的升华。人的一生如白驹过隙，如果不加分辨、随意对待，那么无论遇见多少人、经历多少事，内心也很难从中得到磨炼与成长，反而还会给自己原本纯净的心灵增添许多污垢，使自己深陷在每天都不堪忍受却又无法消除的痛苦中。因此，经历多少人、多少事，就跟喝了多少茶、喝了多少年的茶一样，重要的不是数量，而是质量。

"茶无绝品，至真为上。"当遇到一款好品质的新茶时，我们要给它一个良好的存放环境和足够的时间，让它去酝酿与转化，它会回报我们很多的惊喜。好茶是可以改变一个人的，在喝茶的当下，静下来细细地品味它，觉察它带给我们哪些不一样的体感和心灵的变化，比如心灵是否得到了净化、能量是否得到了提升、智慧是否得到了启迪、身体是否更加通透轻盈、与真实的自我是否更接近了等等。在日复一日这样的修行中，我们的心性会逐渐变得柔和光明，这比只停留在感官的体验上更有意义，也充满新奇。

　　品质低劣的茶没有存放价值，无论存放多久都没有转化好的可能，因为它在生长和制作过程中就已经坏掉了，存放得越久，品质反而越差，再加上如果存放不当，还会产生黄曲霉，到底是人喝茶呢，还是茶喝人呢？品质低劣的茶会消耗我们的身体和能量，喝坏肠胃，还会加重身体的寒湿和脏腑的负担，使身体水气过重，抑制阳气的生发，导致人的精气神不足、身心空虚。当然，它还会消耗金钱，有些人因为不识货，只注重包装精美，再加上听信别人的吹嘘宣传，花了高价钱，买来的却是不值钱的茶品。所以，不是有钱就能遇见好茶。

　　生活中事与愿违是常有的事，比如喝茶人还不懂茶时，即使遇见好茶也不能喝懂它的好，更谈不上珍惜了，多半是手中的好茶被糟蹋了而不自知，还在不断向外"找茬"；等喝茶人懂品味了，好茶又没有了，此事难两全。在喝茶这件事上，除了有眼光、懂品味之外，还要懂得取舍，并且要耐心等待自己和茶成长。人和茶都需要在岁月中经历打磨，把自己修炼成最好的自己，待到时机成熟时相遇，才能同气相求、相互珍惜。

　　好茶最幸福的事，是遇到懂得的人。

重新发现茶道之美

"是非器无以见道，亦非道无以载器也。"艺术源于生活，高于生活，最后回归生活。

在中国传统文化中，大部分艺术都会得到人们的尊重与认可，唯有茶道艺术总是被人们当成社交的工具，以配角的身份出现在社交场合与生活中；也许以这样的方式出现，才符合道处下而不争的品格吧。广博的茶道为什么会给人留下这样刻板的印象呢？中国人的茶道被日本人发扬光大，称为日本茶道；中国人反而将其称为茶艺。"道可道，非常道；名可名，非常名。"反正都是虚名，也不用太计较形式，本质的传递才最重要。传递者所呈现的状态，以及向人输出的对茶的认知，直接决定了大众如何看待茶道，以及用什么态度来对待茶道。人们可以通过琴棋书画诗酒茶，通达远方，也可通过柴米油盐酱醋茶，回归生活本质。不同的人，赋予茶的价值和意义不同，不管怎样，茶都是包容的。

茶，起源于中国，中国是最早发现茶、利用茶、种植茶的国家。《诗经》中就有"谁谓茶苦，其甘如荠"之语。茶最初被视为食材，慢慢地人们发现了它的药理功能，用它来治疗疾患。到两汉时期，人们开始把茶作为饮品，日常饮茶逐渐成为一种生活习俗。魏晋南北朝时期，随着饮茶在文人雅士中流行，饮茶逐渐具有了文化属性。唐代是茶文化形成与发展的关键时期，陆羽的《茶经》"分其源，制其具，教其造，设其器，命其煮"。在喝茶时，人们开始注重水质、水温、器皿以及饮茶环境和人数等因素对茶汤及饮茶心境的影响。

对我来说，茶道就是生活中的平衡之道，它既是物质的，也是精神的。从物质层面来说，茶是解渴的健康饮料与社交的媒介，喝茶使人身体健康、与人交流时心境平和、谈事时头脑清醒。从美学层面来说，我们可以借茶道打开美好诗意世界的大门。茶道可以提升我们的审美，帮助我们去发现生活中细微的美好、感知自然的大爱、拥有享受鲜活生命的好心态，还可以帮助我们从物质生活中一步步向内探索，到达茶道最迷人之处——形而上的精神世界。借一杯茶，找到真实的自己。当拿起茶杯时，我们可以放松下来打开自己，从日常琐碎的生活和焦虑不安的心情中脱离出来，放下生活中的各种角色和标签，面对真实的自己，向内心深处探索世间的真理与生命的意义，改变自己对待自我与外在世界的认知，能够与自我、与他人、与天地万物和谐相处，回归本真的自我和美好的生命状态。当放下茶杯时，用一颗在茶道世界里修习的平静喜乐心，回归日常生活，并给予身边人能量。

茶器中有一件重要的器皿叫茶船。饮茶多年后，我有一天在布置茶席时突然领悟到其中的深意：茶作为舟楫，是渡人过烦恼之河到彼岸的清净世界的船。烦恼的人们，通过手上这杯圆满的茶汤，清洗掉身上积攒的尘垢，回归纯真快乐的自己，抵达彼岸的清净世界。

当心情烦闷时，我们通常会选择走出去，去大山、去寺院或者去远方，来获得短暂的清静和放松。但条件毕竟是有限的，我们不可能随时都前往山林寂静之处，并且去远方也不一定就能找到心中所求。既然如此，我们是否想过或者试过用其他更为便捷的方式，来获得心灵的平静呢？如果没有，你不妨试试在茶的世界里去寻找，或许能找到答案。我们要的结果是一样的：断除烦恼，寻求安宁，探索真理与智慧，获得喜乐的人生。所以，只要是对身心有益的方式，我们可以多尝试。人生的乐趣，有一大半源自敢于尝试；不用先急着否定，实践才能出真知。坐下来安静地泡一道茶，放下手机等电子产品，放点轻音乐，或者不要任何声音，只是去听煮水的声音，全然地安住在当下，你就会得到治愈和能量。重复一段时间，不要抱有太强的功利心，沉浸在茶的清凉世界里净化意识的杂念，只是每日坚持去从容地行茶，相信你很快会找到陶渊明诗中写的"结庐在人境，而无车马喧，问君何能尔，心远地自偏"的心境，感受到拿起小小的茶杯就如同置身山野般的自在境地。内心自然清净，闹市如同山林。当找到了回归的道路，无论身在何处，随时都可以回来做自己，为自己的心灵充电，并爱上独处的时光。诗意与家乡不在远方，在拿起茶杯的同时便可放下世俗的烦恼，在入世中即能找到出世的自由与美好。

茶的伟大就在于它的微小，这就是道。有心的人会在平常微小中去发现它、聆听它、跟随它。喝茶时应该打破他人灌输的或传统陈旧单一的思想和形式，以包容多元的思维接纳并尊重不同的饮茶方式，再寻找适合且滋养自己的方式，通过它从外向内去探索，直到重新发现自己和茶道之美。茶道与其他艺术一样，以茶载道回归生活的本质，所有艺术到最后都要回归生活的本质。

品味一杯茶汤

茶是有生命的，越好的茶越有灵性。茶会随着时间不断转化，人亦如此。好茶放在好的环境中储存，转化出来的口感正气平和，一年比一年温和养人，虽然茶饼的外形看起来已经没有了当年的嫩绿，但冲泡后的叶底依然鲜活如初，内涵物质也随着岁月的积淀变得更加丰富饱满。

懂茶的人能驾驭好茶，在泡茶时会顺着茶性激发出茶的能量，让身体得到滋养，通过日复一日的行茶，逐渐明心见性，获得智慧。反之，如果不懂茶，也不了解自己的身体状况，随意喝茶，不仅不能获得茶的滋养，身体还会受到影响。比如身体痰湿会比较重，也有部分人因常年无节制地喝茶而导致胃病，等等。因此，不管是茶还是人，了解是第一步，只有彼此了解，才知道以什么样的方式恰如其分地彼此滋养，避免以不适合的方式互相伤害。

茶汤是一面镜子，人的一切情绪都可以通过茶汤映照出来。

当我们心境平和时，冲泡的茶汤是甘甜滋润的；当我们情绪浮躁时，冲泡的茶汤是苦涩燥热的。想要冲泡一杯没有情绪的茶汤，就需要修炼一颗平和的心。拥有一颗平和的心，才能处理好自己与他人之间的关系。我们可以在每天冲泡的茶汤中，去感受自己的情绪和状态，通过泡茶来调整自己，回归相对平和的心境。

我们该如何品味一杯茶汤呢？这不仅需要一颗平和的心，还需要相对敏锐的味觉。茶不像酒那么浓烈刺激，茶是淡味，是生活的真味，需要我们慢下来、静心品，才能感受到茶带给我们的能量和滋养，体悟到由自己创造的无条件且持久的快乐。有的人喝到好茶是无感的，这主要有两个原因：第一，这些人平时的饮食口味偏重，嗅觉、味觉变得麻木了，品不出好茶的滋味，更无法体会到茶汤激活身体时所带来的能量。当身体层面的气脉被堵住时，我们不管吃什么、喝什么，消化吸收都不会太好。要解决这个问题，只有先调理身体，调理好了，有营养的东西才能被身体吸收。第二，这些人平时思虑太多，思绪繁杂，身体大部分的能量都集中在头脑，无法放松下来专注在当下。只有在放松的状态下，人的气血才会按照正常的规律流动。

越是思虑过度，越需要让自己每天都有属于个人的空间，在饮茶的时间里调节身心的平衡。当我们能随时品出一杯茶汤的真味时，我们的身心也是和谐的。

茶席上的无用之美

　　世间呈现的一切现象，其作用都是成就背后"无"的部分，让人们通过"有"，去体察被人们忽略的、最重要的事物的本质与意义。比如茶席美学，茶人通过服饰、灯光、插花与茶器之间色彩及功能的搭配，呈现心中的山水及审美品位，为人们打开一扇通往美好世界的大门。通过一杯圆满的茶汤，无声地传达茶人内在的精神世界，让人在饮茶的当下，体悟茶人年久功深自然生发的至理，唤醒人们的自性。

　　茶席上呈现的"有"，是为了使人们借由一杯茶找到自己的"无"之乡。无用为大用，比如茶杯，一个杯子的价值在于中空的部分，由此才能发挥它的功能，承载茶汤为人们解渴，这是茶杯的物质属性。在精神（无）的层面，茶杯隐喻要随时清空自己的杂念，这样才能装进热气腾腾、充满活力的"茶汤"，为心灵解渴。我们居住的房屋也是如此，正是因为空无的部分，才发挥了它的作用。如果房屋是实心的或者内部塞满了东西，就无法住人了。并且不同的房屋，放不同的东西，会熏染不同的气味，让人形成不同的气场。想要身上的气场与气味清爽宜人，就要打扫房间、清理垃圾。这一切从表面看好像是无用的，也不容易被人重视，其实在默默发挥着大用，它反映一个人的内心世界，影响一个人的生活质量和气场。

《庄子·内篇·人间世》曰："虚室生白，吉祥止止。"空有生无，空生妙有，纯净的心灵才能散发光明，生出万法。世间万物自无而有，最后又回归于无。在物质世界中，一切为人类带来便利的有形之物，都依赖于肉眼不可见的无形能量在发挥妙用。大千世界有形有相的器物如此，人也一样。我们是否思考过，是什么力量在推动我们每天如常的行住坐卧？我们是靠精神力量活着的，当内在精气神充盈、能量饱满时，我们就会充满活力。我们的生命，由一个看不见的主宰（精神），默默地调和四肢百骸有序运化；假如我们迷失了主宰，没有正确的思想认知，无"无"的部分，言行就会变得不合规律，从而打乱生命本有的节奏。当下很多人就是如此，他们物化了自己，迷失了根本。从精神层面来说，无形的爱与道德能量是我们生命的动力源泉，在无形中发挥着妙用，指导着我们的行为。

健康的食物，养育人的生命，而大爱的精神力量，滋养的是人的慧命，也是生命的根本。只有内外双向奔赴，平衡和谐地同步发展，生命才会健康。《丹溪心法》曰："盖有诸内者形诸外。"能量是无形的，却影响一个人外在的所有。能量充沛的人，一定能冲泡出能量满满的茶汤，呈现的茶道是自然高级的。他们呈现的相也是简单自信的，由于内心没有那么多杂念干扰，在做选择的时候，能聆听内在声音的指引，摈弃繁杂的表象和利益得失，从事物的本质出发。因为做事时消耗少，生活状态更加平衡安稳。道德与能量不足的人，由于自身正气不足，生活中会充满各种冲突与矛盾。人的内在能量越是不够，越喜欢向外求，这类人在为人处世时，会不由自主地动用心机达成目的。但真相往往是：自身正气越是不够，就越不能压邪，越容易被比自己强大的力量降伏，不管是正能量，还是负能量。正气越弱，心力越弱，心力越弱，思虑就会越重，也越耗能。所以，能量不足的人，身心也是不平衡的状态。"看取莲花净，应知不染心。"无事时心空，很重要。只有心空，在关键时刻，我们才能做出最优的选择。

在生活中，我们往往只看到一个一个由错误行为引发的结果（实体），却忽略了所有的结果都是由无形的思想和无数的过程累积而成的。所以，无用发挥着重要作用，有清明的思想，才有正确的行为。所谓无用，并不是真的无用，只是没有功利之用的大用；人一旦陷入有用的目的中，就会迷失本心，违反事物本有的规律，变得功利又冷漠。像中国传统文化中的国学与哲学，看似无功利之用，实则能解决人生中最根本的问题，使人在平静中收获欢喜。第欧根尼曾对那些辩解自己不适合学习哲学的人说："如果你不在意是否生活得好，你还活着干什么？"所以，无用是万物的本体，是智慧。一个人无论在世俗层面多么成功，依然无法避免内心的冲突和矛盾；因为实用的价值无法消解内心的痛苦，有形与无形不在一个维度。只有通过"有"的表象，观背后"无"的本质和意义，才不会在物欲横流的商业社会中，被外界宣扬的过多欲望淹没自己。

像礼物一样出现在别人的生命里

　　每个人身上都带有各种标签。从事不同职业的人，在公共场合呈现的言行举止不只是个人的行为，代表的是整个行业的基本素养。就像孩子是家长的一面镜子，孩子的行为代表的是一个家庭的教养。事茶多年，有几次茶事让我印象非常深刻。

　　一次是一位花艺老师带着她的学生来茶室喝茶，这位同学很自然地反客为主。看在老师的脸面上，我没有请她出去。我把如何对待她当作一次学习成长的机会，通过这件事来检验自己日常修行的功夫到哪个层次了，哪里还需要再精进。一个人不管穿着打扮多么高级，如果言行粗鄙，还是会被人鄙视。不管在哪里，做客人就应该有客人的样子。很多人活了大半辈子，连最基本的做人的修养都没有。这就是为什么我常说，一个人学习再多的知识，如果不能把知识转化到生活中为生活服务，让自己变得更好，让生活更有品质，待人更和善，那知识就是一堆无用的废物，顶多只是增添了一些可以炫耀的资本，并不能消除内心的痛苦，更无法化解生活中的烦恼。

还有一次是在一场茶会上，茶友们都被安排了固定的座位，且主客分明。当茶事进行到一半时，一位茶友嫌事茶人泡茶太慢，把茶器"抢"过去自己操练起来。她一边冲泡一边抱怨，暴躁的情绪使她泡茶的动静很大，茶席上的人都能听到瓷器碰撞的声响，茶汤也洒在了茶席上。我想，她的心里到底是有多大的怨气，这样庄严清净的场合都无法压制住她心中的怒火。当她把茶汤倒给我品尝时，为了照顾她的感受，我还是咽下了那口有生以来最难喝的茶汤。但令人感动的是，在整场茶事中，大家都用包容的心化解了那个尴尬的局面，最后都是带着欢喜心离场的。

因为修行和行茶多年，出于对自己身心的爱护，出门在外别人给我的茶或不熟悉的人泡的茶，我一般都不喝。人体的70%是水。不同的人身上带有不同的磁场能量，有的正气足，有的阴寒。如果是敏感通透的人，可能会因为无意之中的一杯水，影响自己的身心状态。

品茶，其实是在品人，人品好的，茶品一般也不会太差，因为茶汤不会骗人。为了呈现一杯圆满的茶汤，要修养身心，调频自己。在人际关系中，我们也要像一杯圆满的茶汤，像礼物一样出现在别人的生命中，不能一味地抓取和消耗别人，用掏空别人的方式去填补自己的贪欲之心。贪欲不一定只局限在物质层面，精神上也是一样的。真心对我们好的人，我们一定要珍惜感恩，要心甘情愿地回报对方，让爱流动循环。如果总是让别人缺失，身边就不会有好的缘分出现了。我们感召的都是同频的人，他们以同样的方式来教导我们该如何正确爱人。

以道行茶

　　每位茶人进入茶门的因缘各不相同，有的因为茶席美学，有的因为茶商业和社交，有的因为茶艺冲泡的形式美，有的因为对传统文化及内涵感兴趣，等等。不管是出于何种原因进入茶门，茶都会像大道一样包容万象。我想分享的是，我从茶道世界里感悟到的三重境界。

　　第一重境界：我泡茶。

　　我们刚入茶门时，对与茶相关的一切都是既陌生又好奇的。首先，对茶不了解，对泡茶器皿和泡茶的用水不了解，对茶的历史及礼仪等都缺乏正确的认知，和茶也缺乏沟通连接。通常情况下，一个对茶抱有初心的人，在刚开始泡茶时都会紧张，不能安住在当下，这是很正常的。起初每个人都会害怕沸水烫伤自己，担心冲泡的茶汤太浓或太淡，也不知道坐杯时间多久合适，诸多顾虑让我们很难冲泡出一杯适宜的茶汤，也无法享受事茶的美好,很难体会到茶道带给人精神世界的平静与愉悦。做什么事情都是如此,越是在意,越是做不好;只有自然,才能呈现自然。这时,如果没有正确的引导,我们可能还会在泡茶的当下,放大自己,带上世俗的标签,用"我是某某,在泡茶"的二元思维去行茶。如果我们只是把茶当作商品来对待,就更难泡好一杯茶了,这样的茶汤自然是既不养人也不养心。这就是为什么我们在杂念纷扰时泡的茶汤,会多一些特别的味道。一心一意不易,每个人在不同的阶段,心境也不同,都是正常的。世间安得双全法,鱼和熊掌不可兼得,接纳每个时期的自己。

第二重境界:我是茶。

经历了与茶的相识相知,学会了与茶相关的基本知识,了解了茶性的特征,并能按不同茶类的特点选择适合的器皿冲泡,以此来激发茶的内涵物质,还能顺时而饮达到养生的功效,这时我们才算真正打开了茶世界的大门。在日复一日的行茶中,我们封闭已久的心被茶的能量打开了,人也变得柔和慈悲起来。在泡茶时,我们不再以那个高高在上的"我"去行茶了,也不再把茶当作一个工具来对待,而是把茶当作一个生命,与茶对话,平等对待。我们会想象自己就是手中的这片茶叶,经过采摘制作等工序,最后来到我们的身边,在芸芸茶叶中,我们能相遇,是深厚的缘分所致。带着这样的觉知去冲泡茶汤时，我们的心是慈爱的、柔和的，茶汤也是温润醇和的。当茶变成生活中不可或缺的部分时，我们的生活态度和生活方式也会逐渐发生改变，对外界的认知不再像以往那样固执己见，信念和价值观也变得更加正向，在遇到事时也没有原来那么急躁了，并且越来越喜欢独自与茶相伴的时光，因为泡茶能使人回归平静，平静能生起欢喜心。

第三重境界：无我合一。

茶与初心是同频的。当放下自己，用真诚慈爱的心来冲泡茶汤时，与茶的连接可以唤醒沉睡的自己。由于我们的初心被世俗的习气熏染，我们无法与内在本真的自己连接。最简易的方法便是，借茶来打通我们与内在高维的自己连接的通道，使我们回归具足圆满的状态。

我对茶的态度如对至尊至爱，如对本真的自己。茶汤对我来说是一面镜子，面对茶汤即是面对自己。在泡茶的当下，放下表现自己的那颗二元心，放下世俗的角色身份，以最自然放松的状态恭敬地注水、出汤、行茶；在茶席的舞台上，主动退到茶的背后去呈现茶汤的圆满。秉持初心冲泡出的茶汤，是充满活力的。能量来源于放下自己，清空自己，回归初心，人气与茶气合二为一。在行茶的当下净化自己，更新自己，使自己生发能量激活自身。以器载道、岁久功深，只要用心，每一行都是如此。当我对茶更了解、冲泡技术娴熟后，我放下了对烦琐形式的追求，回归茶道的本质。这时，我对茶的热爱已经超越了泡茶技术与形式的范畴，而是从茶里悟道，通过茶与真实自我连接，引领我去探索生命的真谛，连接高维的能量。有术无道，止于术，有道无术，术可以学。如果无道的支撑，无论泡茶技术多么精湛，顶多只能算是一位很会泡茶的人，无法体悟茶道的深邃奥妙。万物的本源是同频的，茶是道的载体，是我们向内探索、与内在连接的媒介。茶人合一，便能天人合一。如果从未走进茶的世界与茶连接，无论喝多久的茶，依然我是我、茶是茶；只有打开自己与茶连接，才能与初心、与自然、与生命连接。

与茶相伴十余年，我时常感恩茶对我生命的洗礼，是茶让我找回了自己。听说幸福的一生由四件事组成：第一，做自己热爱的事；第二，擅长热爱的事；第三，做的事能有益于大众；第四，以此养活自己。所以，我是幸运的。事茶多年，不管泡茶或上课花费多久的时间，我从未觉得累，因为我从未把这件事当作工作，它是我生活与生命的一部分，我享受这个过程本身。每一次行茶都是自我本心的呈现，也是与自我、与自然大道连接的时刻。

放下自己，

做一杯行走的茶汤；

呈现圆满，传递心香；

用者精神益易，悟者心地清凉。

茶道的传承与礼仪

中国是茶文化的发祥地，茶在中国有着悠久的历史和深厚的文化底蕴。从目前的文献记载来看，西汉时茶已经作为饮品出现在人们的日常生活中，魏晋南北朝时，随着饮茶在文人雅士中流行，茶文化开始萌芽。

唐朝时，饮茶逐渐普及全国，那时以煎茶法为主，茶叶的主要加工形式是茶饼。人们喜欢举办茶会，以茶会友。在茶会上，人们赏花观月、品茶作诗，茶会成为一种高雅的文化活动。陆羽的《茶经》将茶文化推向了新的高度。

到了宋朝，茶文化到达鼎盛时期。点茶法是宋代斗茶和日常饮茶的主要方法。茶叶的加工形式依然是茶饼，只不过比唐朝时更加奢华了，茶饼里会加入龙脑、沉香等名贵香料。宋徽宗赵佶精通茶道，还会亲自点茶。他在《大观茶论》里记载了宋代的点茶艺术。民间流行斗茶，在斗茶时，茶师在建盏里打出沫饽供人观赏，沫饽停留的时间越久，说明茶师的技艺越高超。茶道也成为文人生活中的一件雅事，是一种具有简约美感的生活方式。宋朝时日本的僧人来中国学习禅宗，把中国宋代的茶礼带回了日本，其中最著名的就是荣西禅师。他将自己在宋朝时对茶礼的见闻和禅宗结合，写下了一部影响至今的著作《吃茶养生记》，该书被世人称为三大茶书之一。

明朝时，饮茶的方式开始在形式上做减法，与我们现在的泡茶法越来越相似。明太祖朱元璋罢团茶，兴散茶，茶叶开始从团饼茶改制为散茶。茶叶的品类逐渐变得更加丰富，茶器也开始出现青花瓷茶器、紫砂茶器等，增添了茶席上审美的体验。到了清代，最流行的便是工夫茶了，这时出现了红茶、乌龙茶两大新茶类。至此，绿茶、红茶、青茶、白茶、黄茶、黑茶，我国茶叶结构的六大种类正式形成，茶生活也逐渐丰富起来。乾隆皇帝酷爱茶道，他喜欢品茶、制茶，还懂得鉴茶，每年都会举办隆重的茶宴。传说在乾隆皇帝退位时，有大臣不舍道："国不可一日无君。"乾隆皇帝笑答："君不可一日无茶。"可见茶在他心中的分量了。

近代茶道成为人们待人接物的媒介，由仪式回归自然。茶，作为道的载体，就是自然的呈现。茶道之美，美在心灵自然地呈现；美在事茶的当下与自我连接时放松的样子；美在借由一杯平和的茶汤，体现茶人和谐友爱的真心。茶道是一种自然美好的生活方式，不是装出来的腔调。现在许多人把这样朴实的生活方式，变成一种华而不实的显学，这脱离了茶道的本质。我们应该使茶生活回归简单，用茶来平衡我们的日常生活和身心。只有脱离花哨的茶器、夸张的动作和服饰等形式，借茶悟道，提高生命的层次、体悟生命本真的美好，才是茶道的初心。

只有对茶保有敬畏和感恩之心，才能用一个生命唤醒另一个生命，而不只是把茶当作解渴的饮料和社交的工具。我们可以试着借茶一步步向内探索，向上攀升，关闭外在的感官，探寻生命的泉源，激活自身本有的能量。当我们自己能够给予自己力量时，我们的内心就是强大的。在茶道的世界里，只有直接触动心灵的茶事，才会让人沉浸其中；只有去掉所有的表现和伪装，人和茶汤才是自然有能量的。茶人由内而外自然散发的美，才是真正的美。人一旦作伪，无论多美、多奢华，都是在耗能，自己也无法得到自己的补养。茶道的本质，就像大自然一样，它能让人放松下来，回归纯真的自己，但这一切有益身心的活动，都需要在自然无为的状态下完成。

礼仪的美在重要的场合是需要的，通过雅致的茶席呈现茶人内在的茶道精神，但形式美是为了让人感受茶道世界的丰富，净化人心，接引吃茶人进入清净的茶世界，是与内心连接的一

个窗口。如果没有这层认知，只停留于形式，就会被形式桎梏
而无法向前，更无法精进，就容易把过多的精力用在外在的感
官享乐上，去攀比谁的茶器是名家的、哪个是限量的，谁的服
饰或者茶席更奢华。原本是为了静心，想要寻找自我而进入茶门，
却在这块清凉地里继续喧嚣。只有返回本源，源于形式再超越
形式，借由形式回归茶道的本质，回归真实的自我，才是正道。

我有段时间特别不喜欢穿茶服，一打开朋友圈，清一色全
是穿白色袍子的"仙女"坐在茶桌前泡茶，我从她们身上看到
了自己十年前的样子。当内心不够强大和自信时，人们总是想
通过服饰来伪装自己，让自己看起来像沉稳的大师。有些人表
面上看起来，坐在茶桌前安安静静的，其实内心的躁动一刻都
没有停过；出门在外也一定要带上全套的茶具，明明是为了放
松的，结果反而增添了负担。

茶是鲜活的，用鲜活唤醒人的鲜活自由，不应被固定的形
式僵化困住。谁说茶人就一定要穿茶服来泡茶？重要的不是穿
什么，而是冲泡的茶汤是否好喝、有能量，以及用一颗怎样的
心在生活、做事和泡茶。

喝茶的禁忌

　　上善若茶，适者取之。技艺精湛的茶人能冲泡出有能量的茶汤，唤醒人们的内在。饮茶人要怎样做才能感受茶汤带来的能量和滋养呢？喝茶有哪些礼仪和禁忌呢？

　　首先，服饰不能太夸张花哨，最好选择素雅整洁、与茶的气质相匹配的，不宜穿暴露的衣服，忌浓妆艳抹、喷洒香水，因为茶叶纯净，容易吸味而被污染。在茶的世界里要尽量放下浮华，做回本真的自我，清爽干净就很好，最重要的是带着一颗初心。

　　其次，喝茶时不要牛饮，不能一口闷。二十毫升左右的茶汤，最好分成二三次喝完，重要的是去习惯品味的过程，还有通过嗅茶的香气去恢复自己的觉知。如果遇到不适口的茶汤，不要当着主人的面倒掉，可以不再续杯。

　　再次，喝茶时不要谈论是非八卦，言行反映修养。抽烟的人士，如果遇到比较有品位的茶室，就尽量不要抽烟，或者到外面抽烟，不要污染环境，让干净环境的磁场去净化和滋养自己。坐姿要放松端正，不可用手托脸、弯腰驼背地坐在茶桌旁，身正即心正。取茶时行伸掌礼，或者面带微笑以示感谢，让茶艺师感受到你的善意。

最后，喝茶时不要发出奇怪的声音，也不要因为太烫去吹茶汤，安安静静地等茶凉一点再喝，可以趁热嗅茶香，通过香气唤醒自我的觉知，让茶的芬芳滋养心田。喝完后记得要还原茶杯摆放的位置，体现对茶艺师的关怀和感恩之心。前三道茶尽量止语，让自己从喧嚣忙碌中平静下来，去感受茶汤的能量洗涤身心后的通透感。

在事茶中，沉浸在清凉的茶道世界里，用心感受茶汤和茶道的平和宁静，这是比固定的形式和礼仪更重要的。

如何选择泡茶用水

水为茶之母，水质的好坏直接影响茶汤色香味的优劣。明代许次纾在《茶疏》中记载："精茗蕴香，借水而发，无水不可与论茶也。"再好的茶都需要借助好水才能激发出色香味，没有水的滋润，茶就只是一片干枯的叶子，自然也谈不上借茶论道了。清代张大复在《梅花草堂笔谈》中也有论述："茶性必发于水，八分之茶，遇十分之水，茶亦十分矣；八分之水，试十分之茶，茶只八分耳。"这很好地诠释了泡茶用水对激发茶性的重要性，好茶还需好水才能冲出好茶味。

即使品质一般的茶，遇到好水也能改变口感，所以千里马还需要伯乐才能充分发挥其价值。如果好茶遇到不适合的水，只会降低好茶的品质。匹配很重要，好茶遇见好水，当然是最幸运的事了，好茶好水再遇见好人，那就圆满了。不过，太圆满也不好，总让人觉得太虚幻、不够真实，还是有点残缺才有提升的空间。大成若缺，天得一以清，一阴一阳之谓道，大地生长万物需要天雨润泽，天地之间有形的一切都彼此需要、相互滋养、共同运转生发，最后才能得一善果。世间没有恒久不变且独立存在的完美的人、事、物，无论是生活还是工作，都要找缺和补缺，彼此成就，才会皆大欢喜。既然天下万物都不是圆满的，那我们也要接受自己的不足之处，并在能力范围内帮助修复和弥补对方的不足，双方各自发挥所长，共同成长为更好的自己，就像水与茶一样彼此成就。

　　既然好水能激发茶叶内涵物质的生发，那什么样的水才是好水呢？我们的"茶圣"陆羽在《茶经》中给出了中肯的建议："其水，用山水上，江水中，井水下。"煮茶的水，用山水最好，其次是江河的水，井水最差。明代张伯渊在《茶录》中说："茶者水之神，水者茶之体。非真水莫显其神，非精茶曷窥其体。山顶泉清而轻，山下泉清而重，石中泉清而甘，砂中泉清而冽，土中泉淡而白。流于黄石为佳，泻出青石无用。流动者愈于安静，负阴者胜于向阳。真源无味，真水无香。"此外，古代文人还喜欢收集雨水或雪水烹茶。唐代白居易在《晚起》诗中写道："融雪煎香茗，调酥煮乳糜。"宋代辛弃疾在《六么令·用陆氏事，送玉山令陆德隆侍亲东归吴中》中写道："细写茶经煮香雪。"雪水固然好，纯净无染，但水性极寒，须存放一段时间才好。

现在的雪水大多已经被污染了，除非是深山老林中的雪水。好友前两年在环境清幽无染的山上，收集了两瓶雪水带给我，到现在我还一直存着，舍不得打开泡茶喝。主要是珍惜这份情义，所以一直珍藏。

天然的水分为硬水和软水。不含可溶性钙、镁化合物或含量较少的水被称为软水。pH 酸碱度在 6.5 和 8.5 之间，每升水含 8 毫克以上钙镁离子的水被称为硬水。可以用 TDS 测试笔来测饮用水的软硬度。

我们日常的饮用水主要有自来水、纯净水、矿泉水等。自来水通常含有氯等消毒剂，会影响茶汤的口感，因此不建议直接用来泡茶。纯净水的水质较软，矿泉水含有丰富的矿物质，都可以用来泡茶。在六大茶类中，不同发酵程度的茶，需要用不同的水才能激发茶的活性，所以要因茶选水。像绿茶、生普、黄茶、新白茶、低发酵的茶，这类茶由于发酵度低，更注重茶的香气，选择矿泉水来冲泡能很好地发挥茶的优势，可以扬长避短。像红茶、发酵度高的乌龙茶、熟普、黑茶，这类茶品更加注重茶的滋味，用总溶解性固体物质（TDS）值在 10mg/L 以内的纯净水来冲泡，更能呈现茶汤醇厚丝滑的汤感。

泡茶的水不宜久沸，长时间反复烧水，水的活性会降低，冲泡的茶汤的鲜活度也会降低。我一般是倒两次水泡茶，就往烧水壶里添加一点新鲜的水。水温的高低也是影响茶叶内涵物质浸出和香气挥发的重要因素。温度太低，香气和滋味引而不发；温度太高，茶汤活性低不够灵动。不同的茶类对水温的要求也不同，冲泡细嫩的绿茶，水温最好在85℃~95℃。虽然好的绿茶不怕沸水，即使是用沸水泡出来的茶汤依然清甜鲜香，但是水温太高，绿茶的营养价值会减损一些。为了更好地保留绿茶的内涵物质，建议不要直接用沸水。其他的茶用沸水来冲泡，能更多地溢出营养补养我们的身体。

不同的煮水方式也会影响茶汤的能量。比如用不锈钢电水壶烧水和用明火搭配陶壶或银壶、铁壶等手工壶烧水，冲泡的茶汤的能量一定不一样。用不锈钢电水壶烧水，水的能量偏阴寒，且温度不稳定，这样的水不能很好地保留和激发茶性，冲泡的茶汤很难呈现圆满。我一般先用不锈钢壶烧开水后，再放明火上煮水泡茶。用明火煮水则水的阳性能量更足，水与茶能更好地融合，茶汤的能量会更高，对身体的作用也更明显。铁壶煮水，温度更高，适合泡一些老茶。银壶煮的水，水质偏软，适合泡偏柔和的茶。总之，不同材质的煮水壶有不同的特点，不管选什么材质的煮水壶，只要是天然安全的原料，没有添加太多化工原料就是好壶，根据自己的实际情况来选择就好。切忌在茶的世界里攀比炫富，带着攀比心泡茶，用再好的器、茶与水，也会把茶汤泡变味。用一颗平常心，无论用什么器皿，只要是天然的，都能泡出茶的本味。

另外，泡茶注水时水流的粗细、快慢、高低也会影响茶汤的能量。水流急，茶汤有躁气；水流缓，茶汤才有静气。有静气的茶汤充满正能量，能使人体的能量与茶汤的能量同频连接，能更好地净化我们体内的水，让心灵变得平静放松。

茶叶浸泡时间的长短与沏茶的次数，又该如何掌握呢？以绿茶为例，绿茶冲泡的次数最好不超过五次。"第一泡"茶会浸出内涵物质的50%，"第二泡"则会浸出30%左右，五次之后无论怎么冲泡，都没有多少营养了，反而会在反复冲泡中浸出不利于健康的物质。散茶最好即冲即出，如果滋味比较清淡，下一道冲泡的时间就根据口感稍作调整；如果第一道茶冲泡得太浓，后面就很难再挽回了。这就像人与人之间的相处一样，淡一点久一点。紧压茶用沸水稍微闷30秒左右，第二道在这个基础上再作调整。这是我十余年行茶总结的经验，可以做个参考。

好水、好器、好茶，当这一切有形的层面完善之后，还缺少最重要的"人"。当我们准备好泡茶时，先让自己浮躁的心平静下来，放下世俗中的角色，回归空的状态与茶沟通，空的杯子才能装进新鲜的茶汤，空的心才能与茶连接、被茶的能量滋养。静下来默默地与内在的真我对话，温柔地善待当下的一切，不管是茶，还是自己，抑或是他人。纯净的心才能冲泡出温和的茶汤，滋养自己和他人。

意识是能量，我们喝的茶汤其实是自身的气与茶汤之气的融合物，这杯茶汤能浸润我们的身心。当下时代，每个人都需要一杯圆满的茶汤，水与茶里蕴藏着天地间最原初的能量精华，可以净化人们的负能量和浊气，使浊气下降、清气上升。一杯圆满的茶汤，承载着天地人的能量。与干净的茶汤相融，就是与天地自然相融。

行茶的心法

在修行中，行，是最有力量的，胜过千言万语；清明的行，更是如此。从知到行，有很长的一段距离，我们需要潜心修炼才能到达知行合一的境界。行的其实不只是茶，而是借茶修行、放下自己，内心因为茶道生发的智慧变得更加和谐圆满，并且通过行为落实到生活中的待人接物上，让身边的人也感受到这个柔韧的力量，从而觉醒，主动踏上寻找真我的道路。

茶有灵性，它懂人的一切情绪，会直接将人的情绪反映在茶汤里。茶汤就是一面镜子，可以照见我们的喜怒哀乐。行茶多年，我对茶汤的体悟是，一杯好的茶汤，一定是温柔有力量的，能拂去人们心中的浮躁，使人们恢复平静安详。茶汤的质感最能检验一位茶人的心性和当下的状态，无声胜有声地表达着茶人的情绪、诉说着茶人的心事。如何冲泡出一杯柔和圆满且能量充盈的茶汤呢？

第一，当准备坐下行茶前，我们先洁手和整理仪表，然后坐在位置上调整坐姿和仪态。不要急着开始，放下俗事，人心浮躁时茶汤也会有躁气，不够温润的茶汤饮用后不能让人变得宁静平和。先让身体在位置上平静一分钟，收敛心神，让身心连接，全然沉浸在当下，安住在当下不分离。我们在生活中如果感到杂念纷纭、心情烦闷无法安住，想要降伏己心，最简单的方法就是坐下来安静地泡一道茶。在提壶与放下之间，心情会逐渐平静下来。养成每日行茶的习惯，把行茶变成生活方式，这会改变我们的生活态度。行茶的过程就是找回自己、与内心连接对话的过程。当在茶道世界里找到了让内心安定的力量时，我们就能体会到"安禅不必须山水，灭得心中火自凉"的清凉心境。

第二，安住身心之后，将双手交叠放在桌上，凝神静气，放松下来慢慢调整呼吸。专注即生能量，在一呼一吸之间，心境也会跟着平静下来。一切都准备好之后，再用一颗平和的恭敬心，从容有节奏地提壶泡茶。

第三，用纯净的茶汤净化自身的负能量和杂念，清洗掉身体内外的污浊尘垢，从身到心层层递进，向内观照。

第四，在泡茶时放下自己，退到茶的背后去顺应茶的规律，呈现茶汤的圆满。在行茶的当下，不要刻意炫耀美色或者技法来表现自己；自然，才能与自然相应。茶是自然的，人也要回归自然，只有事茶人自然无为，才能让饮茶人被茶道的无为之美打动，自然而然地融于当下的茶事中，通过温暖纯净的茶汤回归真实的自己。

第五，在正常的环境下，如果行茶中听见外界的声音，要安住自己，不为外界所动，借此修炼自己的定力，保持平和的心境，听而不闻，专注在当下，并礼貌合理地回复或者微笑回应，尽量少说，最好不说。不管听到什么声音都不要起分别心，看见好物、好人不要起贪欲攀缘之心，面对高手不生嫉妒之心，面对诋毁不生憎恶的情绪，像茶汤一样安静无为只是奉献。用当下充满能量的茶汤安住自己，用自身安静的气场去转化周围的磁场，用温润的茶汤去滋养对方，让对方回归安宁的状态，这是我们在行茶中的功课和使命。无论发生什么，心里始终只有一件事，那就是以茶为主宰，借当下的境遇修定力，用平和、平等心应而不迷。当心随境转时，我们就在心中默默提示自己：当下只有一件事，那就是泡好手中一杯茶。

第六，当对茶的术数了如指掌后，我们能否一如既往地持守初心，以恭敬心待之？当对人有所了解之后，我们能否练熟还生，保持如初的尊重之心？当茶道的境界有了提升、能如实洞见真相之后，我们是否还能守拙、守柔、处下不争，不去卖弄炫耀自己的证悟，保持初心待人应事，不因熟悉就变得随意轻佻？人最大的敌人，不是他人，而是自己那颗不安的心。要想控制外在，须先控制自己的思想和行为，控制自己才有控制外在的可能。实际上，我们真正能控制的只有自己的心和思想，外面世界的一切都不在我们的掌控之中。只有学会控制自己的心，才能真正做自己生命的主人，才有能量驾驭多变的外在和诱惑。

人性的弱点有一部分在于，当拥有了别人没有的，就容易生起傲慢心、好争心，如同井底之蛙，觉得自己很了不起。真正修行好的人，谦卑、慈柔，总感觉自己在能力上还有欠缺。智者知道人外有人，天外有天，一切无常，高下相倾循环不已，只有保持空杯的心态，才能不断装进新鲜的茶汤。如果我们能以茶为入道之阶，实现悟道觉醒，回归本真的自己，此生也算是了不起了。

茶如人生

慢，是诚意。

着急喝不到好茶，好茶需要人慢下来、静下来，才能品味出其中的真味。特别是好的普洱茶，不仅需要人静心，还要有耐心。因为古树生普的前几道茶气茶味都偏重，如果不是功夫精湛的茶艺师冲泡，前几道都会偏苦涩。热爱喝茶的人都知道，不苦不涩不是茶，适度的苦涩味是茶叶内涵物质丰富的表现；就像人的一生苦乐参半，古树生普也是如此，先苦后甜。

茶如人生，我觉得用普洱茶来形容人生是再合适不过的了。古树生普的新茶，前七道都会带一点苦味，但这个苦味在口腔里能快速化解开，当苦味化解开之后，口腔里会有明显的生津回甘的感觉，并且生普独有的香气会在口腔里持续很久。七道之后，生普的苦涩味慢慢淡化，蜜糖味会自然呈现出来，并且只要坐杯的时间足够，越往后冲泡，蜜糖味就会越浓厚。因此，很多急躁的人不太适合喝普洱茶，还没有尝到甜味，就被前面的苦涩味给吓跑了，时常留我一个人"独乐乐"。对于急躁的人，我比较推荐单丛或者绿茶，这两类茶能快速让人体验到茶的芳香和茶汤的甜味，只是不太耐冲泡，韵味少了点。当然，它们对身体的疗愈效果肯定也不及好的普洱茶。

选茶的关键在于有耐心和细心。包装精美、香气馥郁的茶品有很多，只用眼睛无法识别好坏，只会乱茶渐欲迷人眼。只有慢下来，专一地细细品味，才能遇到适合自己、滋养自己、给自己带来正能量的好茶，才懂得如何取舍。如果没有耐心，只通过外包装和价格来选择茶品，遇到不适合自己的茶是必然的。

若是让我选择做一棵茶树，我会选择普洱茶树。普洱茶树深厚坚定地在大地上扎根，享受充足的日照且能量饱满。成品普洱茶叶存放在适宜的环境中，时间越久韵味越悠长，而且每年都在变化，历久弥新。茶叶的内涵物质丰富且耐冲泡，直到最后呈现蜜糖味的圆满茶汤；画一个圆满的句号，在当下是多么可贵啊！人与人之间的相遇，大多数是热情似火地开始、冷酷无情地结束，像绚烂的烟花一样短暂易逝，等激情与新鲜感褪去之后，便悄无声息地退场，留下对方暗自神伤。所以，善终比善始更可贵，不管什么关系，都应该以终为始、止于至善。

其实，世间所有的美好，都像普洱茶一样，需要足够的时间，默默酝酿等待自然成熟，着急会错过最珍贵的部分。自然的规律是有节奏的，从播种到收获不在同一个季节里。做一件事情，同样需要经历漫长的过程、困难和挑战，只有在途中不断战胜自己和外界的磨难，最终才能品尝到甘甜，收获成功喜悦的果实。

茶席上的美学

茶席插花是从何时开始进入茶人们的生活的呢？这还得从唐代说起。品茶赏花最早出现在唐代文人和禅师的茶宴上。僧人皎然在与茶圣陆羽饮茶时写道："九日山僧院，东篱菊也黄，俗人多泛酒，谁解助茶香。"到了宋代，插花、品茶、挂画、品香被誉为文人的四般雅事，让人们品鉴触觉、味觉、视觉、嗅觉所带来的美。明代则以自然简朴的插花形式，成就了茶艺插花文化的辉煌。

茶席插花最能表达茶人的内在审美，插花与茶互相呼应，合二为一，共同呈现一杯茶汤的圆满。我平日里的插花，以呈现如花在野的自然状态为主，让饮茶人在品茶的当下，感受自然之花带来的仿佛置身山野间的宁静与自然。在花材的选用上，一般会选择应季的鲜花，比如春天的白玉兰、夏天的荷花、秋季的竹菊、冬天的松柏梅。自然界中不同季节生长的花草有不同的性格，它们会顺应时节自然绽放。作为一个道茶行者，我会根据四时的变化来调整茶席上的插花，使插花与自然的节奏一致。比如在萧瑟的冬天，除了选择当季的花材之外，我还会选择一些温暖的色调来给茶席做平衡；夏天使用清凉的花材，让人感受心静自然生发的凉意。总之，我的一方茶席，是为了让饮茶人在都市中、在喝茶的当下，从茶席上一花一草的生命中去发现四季的变化，去体悟如同回归山野般的自在心境。花期很短，要忙里偷闲，要安住于当下，品味这一期一会转瞬即逝的美好。

茶席上适合放与茶的品格匹配的清新淡雅的花草，色彩鲜艳的花放在茶席上会显得俗气。而且我发现，大部分艳丽的花味道很淡，而纯白的花朵却香气十足、沁润人的心田。茶席花的作用是让人在观花的当下回归平静，静下来遇见美好的自己。当人们在喝茶的当下被眼前的花所吸引，生命中那缕阳光已经照进了心灵。借当下的花，与久违的本真的自己相遇，这就是茶席花存在的意义。

山野之茶

呈现一杯圆满的茶汤实属不易。从茶叶的采摘、制作，到泡茶用水的水质、水温和器皿以及环境，再到茶人的心境是否调频到与茶相应，都会直接影响一杯茶汤的圆满。茶是有生命的，它能感知人们的情绪。其实，茶汤就是茶人心灵的呈现，很考验茶人平时的修行。茶人只有放下自己，回归自然，心茶合一，才能呈现一杯温润滋养的茶汤。天时、地利、人和缺一不可，特别是山野之茶，就更是要随缘了。

去年与好友上山时，偶然间发现了一片荒野茶林，当时已经错过了采摘的时节。就在今年春分的前两天，好友发信息说："山上的野茶发芽了，你看什么时间过来采，野茶是不等人的。"事茶多年，我懂她的意思。识好茶的不只是我们，再加上天气等诸多不可控因素，恰逢这几天又是雨季，这期间的变数实在太多了。于是我当即联系了摄影师，告诉他明天去拍摄采今年第一批新茶的视频。由于摄影师不在成都当地，他听我把原因说完后，当时并没有给我准确的回复，到晚上才给我回电话说，他赶最晚的动车过来，凌晨到达。第二天清晨，我载着大包小包的采茶工具到酒店接到摄影师，直接赶往青城山与好友会合。天气预报说当天有雨，并且头天晚上好友还发信息说在下暴雨。没想到天公作美，一大早雨就停了，到了茶林后看见茶叶亭亭玉立地在等待与良人相遇，心里的喜悦与感动油然而生：我们与这片茶林、与这片片茶叶的缘分一定是挺深的吧，才会在如此多变的条件下，依然能够如愿。

选择在春分节气当天采茶，是为了顺应自然之道，取天地生发之气，激活自身。道法自然，茶道之美，美在自然。山野之茶不待人，需要顺时而为，从茶叶的采摘到整个制作过程，都是我与好友带着爱心亲手完成的。由于天气阴冷，又是在山上，风很大，导致炒茶时火力不太足，所以除了茶香有点欠缺外，其他都很好。制作好之后，我们当即取了青城山的泉水来冲泡这款山野绿茶，茶的香气稍微弱一点，但茶汤的滋味还是甘甜丝滑、无比纯净。

遇到好的时机，就要懂得调整自己，顺势而为，才能顺其自然，开花结果。要审时度势了解自己，根据自己的需求做出抉择，是主动前进，还是继续等待，抑或是退步远离？总用一种僵化的方式应对所有的人事物，想要遇见适合自己的，实在稀有。我们在泡茶时都会根据不同的茶品来调整冲泡的方法，何况是鲜活的人？我们应该灵活变通、随缘而变，才能收获圆满。

茶席上的太极

《太极拳论》云："由招熟而渐悟懂劲，由懂劲而阶及神明。"不只是太极拳的功夫由招熟到懂劲，最后再升华至出神入化的境界，茶道亦是由器载道，以有入无，再以无驭有，最后指向天人合一的境界。

想泡好一杯茶，再借茶悟道，首先要学会泡茶的方式，要懂茶性、水质与器皿材质的搭配等相关的知识，还要慢慢地在泡茶的过程中去体悟手法，比如怎样拿器皿才能流畅且毫不费劲地出汤。练熟术层面的招式之后，我们应该借形入心，往内走。无论多么高超熟练的招式手法，此时也只是停留在茶道的表层，我们要去体悟心灵日复一日的变化，比如情绪是否变得更加平和喜乐了，独处时是否更自洽了，与人交往是否更和谐了，是否更能挖掘生活中细微的美好了，等等。到了这个境界，才算是入茶道之门了。等招式和巧劲都愈练愈精纯，可以随心所欲地轻松驾驭有形之后，再忘形与忘我，体悟人茶合一的自然流动，从有形的茶世界升华到更高维的道世界，最后达到天人合一的境界。

法无定法，殊途同归。茶席上的太极也是如此，我们可以在小小的一方天地里一边安静地泡茶，一边就把功夫给练了。首先，准备行茶前先端身正坐，正襟危坐时身体的阴阳才能相合，身正、心正、意正，才能神正；将双足分开与髋同宽，踩实地面，脊柱调整中正，下巴微微内收，头顶心向上，松肩沉肘，手腕放松与肩同宽，保持中脉的通畅；稳定住上半身，不要左右晃动，以身体为中轴线，左边的事交给左手，右边的事交给右手；左右手画半圆合起来，像是一幅隐形的太极图。当坐姿调整舒适之后，再调整好茶席上茶器与手的距离，避免行茶时身体动作幅度太大，或者因茶器与人的距离不适，导致把茶汤洒在茶席上，等等。只有把茶席上的一切都调整到最合适的位置，操作起来才能得心应手、了无挂碍。接着，凝神静气，调心调息，调整呼吸的节奏至柔和绵长，让心情也随着呼吸平静下来，进入茶的世界，让自我与茶连接。安顿好了身心，再平缓呼吸，从容不迫地提壶注水，在这一呼一吸、拿起放下的节奏中，以心行意，以意导气，以气运手，去感受心手合一给身体带来的由静定而生发的律动。沉浸在自己的茶世界中，去冥想一片片茶叶在茶器里与水交融、灵动舒展的样子。当我们回归心灵平静，我们意识的野马也逐渐被行茶的恭敬仪式感驯服，变得温顺起来，不再带着我们东奔西跑，它与我们一起安静下来，专注在当下，享受平静的时光。我们的身体也在左右手此起彼伏、富有节奏的平衡律动中恢复了觉知、启动了感官，我们能细微地感受到茶汤顺着心境的变化，从苦涩转化为甘甜，再由口腔进入体内，给身体带来变化。茶气与人气融合，一股暖流从胃部逐渐向四肢百骸扩散，两股能量沿着脊柱向上到达头顶百会，再从上到下推动全身的血液循环往复，手脚开始逐渐变热，身心开始变得温暖，身体的每个细胞都被茶汤滋养，人的状态也慢慢放松下来，有时候还会打哈欠，像在家里一样安全放松。此时，我们对茶汤的认知会逐渐发生转变，茶汤已不再是单纯的解渴饮料，而是融入我们的血液，成为我们生命的一部分。

技术之上是功夫，功夫之外是境界。在日复一日行之不辍的泡茶过程中，随着技术的娴熟，我们开始慢慢体悟功夫之外的境界，这时心灵会更加丰富，精神逐渐超越、升华。功夫在茶外。生命是由多元丰富的内容组成的一个整体，不是单一的存在，要从丰富的内容中去体悟生命的圆满。眼睛只盯在茶上，只会把自己困在茶的迷宫里。唯有以茶悟道，由茶一门深入去找人生的出口，茶道之路才真正启程，再从道里回归茶门，去

　　了解与茶相关的知识，围绕茶学向外延展，如养生、美学、哲学等，使自我和生活更丰富圆满。一层一层不断向上攀升，提升生命的境界，跳出自我狭隘的二元认知格局，培养多维的视角来看待人生难题，体悟道术合一的圆满和生命的美好。就这样从有入无、从无入有，通过一个媒介去找到本真的自我和回归的道路，再由无形的道引领自己超越，最后再以茶道世界中修习的静定智慧融入生活，回归平常，用泡茶的心好好生活。此时，便悟了，见山还是山。

茶与瑜伽的深呼吸

绵绵若存，用之不勤

了解呼吸，首先还得从了解什么是"气"开始。我所说的"气"，是指我们身体内不断流动地、维持生命运转的能量。它推动气血从身体的中心流经身体各处，滋养五脏六腑和四肢百骸。没有气，也就不会有生命的存在。当身体阴阳失调时，体内之气会浮于外，人会变得暴躁易怒、虚弱乏力。当身体阴阳平衡时，体内之气就会充盈饱满，人的精神状态也更积极向上。

万物皆因气而生

由于事茶的原因，我常年静坐且饮茶甚多，这很容易造成身体经络不通、气血不畅、痰湿过重，需要运动来疏通身体的气脉，调节身心平衡。汗为血之液，大量出汗的运动容易导致体内精气神消耗过度，使身体更加疲惫虚弱，不能帮助我养护好自身的气。为了呈现一杯圆满的茶汤，我一直在寻找一种与茶道气质相符的运动，既能达到运动养生的功能，又不消耗气血，还可以平衡茶汤及身心状态。我与瑜伽的遇见最初是在团体瑜伽课上，每次上课几乎都是在重复几个相同的体式，几堂课下来，我发现这不是我想要的。也许是常年修习茶道的缘故，这种停留于形式的运动无法得到我的认可，于是我果断停止了瑜伽之路，转而跟随师父学习太极。因为距离太远，每次来回要花好几个小时，所以大部分时间我都在家自己练习、琢磨，没坚持多久又停了下来。但这几年的太极时光，为我打开了运动的另一扇门，即我内心一直在寻找的、在之后的瑜伽之路上体悟到的身心合一的状态。

因缘具足，我遇见了真正的瑜伽

因为我一直坚持健身和从小学习舞蹈，再加上几年的太极时光，我的身体变得比原来更有觉知和韧性，也为我遇见真正的瑜伽打下了良好的基础。人生所有的遇见，都建立在自己准备好的情况下，自我准备好了，当机会降临时，才会看见并把握住。

再次靠近瑜伽，我才走进真正的瑜伽世界，发现瑜伽不只是体式，体式只是为了打通身体的气脉、使人能更快入定的媒介之一。真正的瑜伽，是让身心连接合一，就像茶道一样，在泡茶的当下，与茶合二为一，超越当下有形的物质世界，回归圆满的精神家园。瑜伽也一样，通过动静的结合，使自己超越肉体的束缚，感受心灵的超脱。瑜伽与茶道，到最后都在修"定"，再由定生慧。心不清静的人，是练不好瑜伽的。瑜伽的每一个体式都是一对阴阳的平衡，需要静心去体悟，让身体配合呼吸舒展，与自我和自然连接合一。瑜伽涵盖身气意三个层面，有八个阶段，分别是持戒、内制、体式、调息、制感、集中、冥想、三摩地。体式最初的创立，是为了在冥想时能控制意识的波动，使气脉更畅通，是为更好地入定做准备的。体式是外在的运动，是消耗，但带着调息，是补养气血的；冥想是通过呼吸调节内在的运动，是回收。体式、调息、冥想相结合，就能使身心连接合一、生命平衡和谐。这是真正的瑜伽与健身瑜伽的本质区别。

感受呼吸，感受在身体中流动的能量

练习瑜伽时，基本且重要的就是呼吸，每一个体式都是由呼吸带动身体的起伏而完成的，是呼吸与身体之间的完美结合。比如坐立前屈，必须从身体背部有所察觉，但不是停留在皮肤或肌肉层面去觉察，而是通过呼吸去感受能量沿着背部向上流动的感觉。每一个体式背后的原理，都与气在身体内运行有关。在缓慢深长的呼吸中，身体由动中静带动内在五脏六腑运转，再由内中动向四肢百骸延展，打通身体的气脉，疏通卡顿的地方和净化身体的垃圾，启动自身能量的生发。身体在日复一日不间断的习练中变得轻盈有活力。瑜伽的练习，是让人身心内外平衡的练习，从身体的粗身层一层一层向内探索，直到身心连接合一。

坚持不间断地练习一段时间后，身体会有新而有益的东西生发，动作也会更加轻松有力，体感更加轻盈，身体与呼吸之间的配合也变得更有默契。在练习的过程中，我们会享受停在每一个体式的当下与自我内在连接的感觉，越来越清晰地感受到生命被滋养的愉悦。

万流归源，万法归一

茶与瑜伽，殊途同归，最后都是在修炼静定。没有静定，无法在一个体式上停留，并觉察自己身体细微的变化。无论是茶道还是瑜伽，抑或是其他艺术，最后都指向"心"。人们借不同的法门，找到真实的自我，用一颗平常心平静喜乐地生活。瑜伽与茶道两者的结合，能够使人达到精气神三合一，使身心内外平衡和谐，在动静不二中恢复生命本有的生机。

此心安住一杯茶

　　某日早晨，我临时决定到周边清净的地方走走，呼吸一下新鲜空气，于是开了两个多小时的车来到成都周边一个清幽的古寺。本想在寺里安静地看看书、多待会儿，结果因为旁边时不时传来的装修声打扰了这份宁静，于是我在周围的山林里找了一处空地坐了会儿，就开车回家了。

　　原来出走，总是带着一颗有求的心。当下的出走，就只是纯粹想出来走走，去大山里透透气，在自然中与万物连接。回首修行这一路到现在，于我来说最大的变化就是：有茶的地方，就是我的清净之地。当然，当下即使没有茶，与自己安静地待在一起也是如此。我回到家，立即烧水泡茶，在端起茶杯的当下，来回驱车劳累的身心顿时安宁了下来。当向外走，内心没有可求时，就圆满了。

　　此心安住一杯茶。

二　认知觉醒

关于信仰

什么是信仰？一部分人会理解为相信一种宗教，并且认为只要相信就能万事大吉。非也，信仰远不止于此。它不仅需要我们勤奋努力，还要我们有觉知、有判断、有定力、能坚持。

我是一个坚定的信仰者，凡是对生命成长有益的道理，我都会坚定地相信并闻思行证。信仰不一定是宗教，只要是能给人力量、指导人向善行好的，都可以是信仰。一个真正有信仰的人，在做事时不管结果如何，都会坚守本分，在不同的境遇里借境炼心，把自己打磨成最好的自己。一个真正有信仰的人，目标是活得像一本经典一样，不因外在的境遇而变质，历久弥新，在无常的一生中去寻觅每一次苦难背后那永恒的礼物，使自己变得有智慧、强大、有力量。信仰是由内心生发的、对自己内在具足圆满的信任，是对无上力量的信任与臣服。好的信仰，不会让人迷恋沉沦，只会使人清醒智慧。

近代以来，西方文化的入侵，让一部分人抛弃了我们的文化，缺失了道德信仰，迷失了初心和方向，变成崇洋媚外的精致利己主义者。如果没有稳定的内核主宰，任由欲望泛滥驱使，人就会放弃生而为人最基本的道德底线，为了私利，做事不合常道，导致生态失衡，引发各种自然灾害，破坏人类社会的和谐家园。大部分天灾都是人祸造成的，是大道在无声地警醒人类尽早修正自己错误的行为。

自然是一种强大的力量，顺应规律则使万物生长，逆道而行则能摧毁万物。它总是以自己独有的方式在无声地爱或惩罚着我们，没有觉知，不代表不存在。人是万物的灵长，具有超然的智慧，只有回归爱心、敬畏心，我们的世界才会和谐美好。

信仰是茶

在当下快节奏的时代，人是需要有信仰的，信仰能带给我们精神的力量，是一盏照亮我们前行的明灯。有了信仰，我们还得有前行的工具，这样才能抵达目的地。就像鸟的一对翅膀一样，缺少任何一边，都不能平衡飞翔。不管信仰什么，都要经过理性思考之后再做抉择。选择了一个适合自己的法门，就要一门深入地修持，才能有益于增长我们的智慧，消除我们的痛苦和烦恼。等有了定力后，我们再去追求博学多闻，这样才能分辨真伪，可以少浪费自己的时间。切记：不能一个法门都没有学好，没有往深处行，就想着博学多闻，那肯定是不可能有深度的领悟和收获的。我们学习普通的知识都需要用心专注才有收获，更何况是理解超然的智慧。

由于很多人一听到"信仰"就会联想到宗教，每次我都会坚定地回答："我的信仰是茶。"事实也的确如此，对我来说，茶是有的生命，是能量，是归宿。茶能净化心灵，使人身心通透灵敏，让人在面对逆境时可以快速转化负面思想，回归平静从容的状态。茶是我度过此生这条充满烦恼之河的船。在被茶浸润的这十余年里，我找到了本自具足的自己，修回了那颗明净的初心，找到了了断烦恼、回归清净心的方法。茶是归宿，无论我身在何处，只要坐下来安静地泡一道茶，身心就会立刻安顿下来，得到能量的补养。茶助人超越，是人与内在自我连接、体悟大道的媒介。它让我安静下来思考：我到底是谁？人生的意义是什么？最重要的是什么？为什么而活着？它也是提升认知与维度的一种健康方式，让我在平庸的日常生活中有了美好诗意的心境，让我感觉到人间值得。

在茶的这条道上，每个人都应该有独有的理解。我心中的道，与任何宗教无关，以道来喝茶或者泡茶，对我来说只关乎心灵的体验。通往道的法门有无数种，每一种法门，只要找到了方法，都能通往终极的、充满神秘感而虚无的入口。道，是茶的归宿，有了道的茶汤才是圆满的。茶的味道和能量，不完全取决于茶叶的质量和泡茶者的技术，更重要的是泡茶者的心灵。用道心泡茶，茶汤就充满了能量。以道来喝茶，就是放开一切的物质，成为真正的自我，呈现自己的真性情。行茶的当下，就是面对自己内心的时刻，让自我的本心显露，与身体连接合一。

　　法无定法，殊途同归，所有的形式背后都是相同的，也是相通的，最后的目的地就是自己的内心——找到真实的本性，归依自己。

万物无常，超越生死

　　人从出生开始，就步入了死亡的进程，我们每多活一天，离死亡就更接近一点，可以说死亡与我们如影随形，但大部分人对死亡的认知只停留在失去和毁灭一切上，忽略了它带给我们的正向意义。

　　生死是生命的一体两面，有生就有死，有死才能获得新生。然而，一直以来，人们往往谈死色变，认为这是一个沉重且不吉利的话题，怕给自己招来不幸。其实生死是一件自然的事情，我们一生中每时每刻都在经历生死。比如，失恋是一种死亡，错的人离开了，才能迎来对的人；冬天的远去代表新春的来临；清晨的第一缕阳光，代表黑夜的死亡；心灵澄澈宁静时，代表虚妄念头的死亡；一场运动之后，体内的毒素垃圾死亡，充满活力的新细胞开始生长……世间万物的生死是自然规律，一切在自然而然地进行，不会长久保持一种状态。人们越早用平静的心态去接纳死亡，越懂得珍惜当下。

不同的人面对死亡有不同的态度。

有些人恐惧死亡，不想失去当下拥有的一切，总想要抓住点什么作为依托，认为这样才有安全感。他们把时间和精力都花在了维持虚假无常的事物上，以此来寻求虚幻的安全感。当外界稍有变化或者没有按照自己心中的想法进行时，他们就会觉得人生失去了掌控感，无法独自面对焦虑不安的心情，马上会用其他可以暂时缓解焦虑的方式来获得短暂的安全感。我们是否静下来思考过，我们的肉体都不是永恒的，又如何守住刹那变化的外在事物？既然我们如此现实，那么就不应该在虚幻的世界中去寻求安全感，而应把安全感寄托在自己身上，这样才能远离外界变化给生命增添的烦恼，从而真正掌控人生。生命是短暂易逝的，将重心寄托在另一个生命之上，当意外来临时就会感受到失望和痛苦，并且无法自拔。如果我们勇敢地去面对死亡，便可以淡化对外界的执着，当下的一切——我们的财富、身体、子女以及身份地位，都只是暂时拥有的。在有限的时间内，我们应该将拥有的一切美好运用到正确的地方，珍惜和享受与家人在一起的时光。我们爱家人，应该以对方喜欢的方式给予爱，给对方自由成长的空间，让对方能感受到我们是出于爱本身而付出，而不是以爱之名束缚对方。当子女长大后，父母应该体面地退场，默默在背后支持孩子。当然，子女孝顺是理所应当的事，如果父母尽心尽责地养育过孩子，让孩子感受到了无私的爱和接纳，体悟了父母养育的艰辛，相信孩子会心甘情愿去履行他们的职责，并像父母享受养育他们时的心情一样，自然地赡养父母。爱是相互的。

有些人用极端和轻率的态度对待死亡，觉得死亡没什么了不起，当生活不如意了，就选择随意结束生命来逃避问题。这种做法源于人们的无知，我们没有权利擅自结束自己的生命，逃避没有用，要坦然面对并承担结果。如果一个人心里有太多未解开的结，只有让自己变强大，去主动化解，承担该承担的责任，生命才会轻盈快乐，也能避免严重的心理疾病。一个人能承担多大的责任，就能享受多大的快乐。不愿意承担责任的人，其快乐是肤浅且短暂的。快乐的源头是自己，只有好好活着、去爱去承担，人生才有希望。

还有一些人逃避死亡，对死亡避而不谈，通过各种方式麻痹自己，觉得人生就应该及时享乐。其实，这些人把活在当下错解为人生苦短、及时行乐，把做自己曲解为自私自利、不负责任。活在当下和做自己，建立在找到了真我即初心的自己之上，这时才能懂得如何恰如其分地做自己，使自己成为更好的自己，珍惜自己和他人的生命。

当明白了死亡的意义，我们才会更加享受生命本身的珍贵，也会活得更加从容。人之初生，本有与天地及万物相同的能量，只是我们随着知识与见识的增多，逐渐变得用二元的分别心来对待外界。当凡事都先为自己考虑，自身的能量就开始衰减，不能再像最初时那样与外界自然合一，原本清净的身心被污染，从简单转向复杂，所以人们会焦虑痛苦，觉得人生充满了压力且无意义。其实问题的根源在于，我们的本心跟着外部世界转动了，迷失了回家的方向，心在流浪，身体才会焦虑不安。当觉醒了，把心找回来后，我们就会发现人生只是一趟旅程，来时什么也没有，去时也是如此。觉醒不是"躺平"、消极不做事，而是更积极地做事，做善事，只是不再执着于结果，安然活在当下并享受当下。

知道了生命的珍贵，才能懂得取舍，把花在关注物质世界的时间，拿出一小部分给精神世界，探索生命更深层的意义。利用短暂的一生好好修行，学会爱，走向探索真理与真我的旅途，从经历和学习中去获得智慧，以一颗从容的初心认真工作与生活，并超越自己。

如何做到身心合一

《黄帝内经·素问·灵兰秘典论》曰："心者，君主之官，神明出焉。"完整的生命是身心合一的，心神主导身体，身体服从心神。心神，也被称作心灵。身体要臣服于心灵，也就是我们常说的跟着心走。如此，生命才是符合规律的。

起初，每个人的心灵都是不垢不净、身心合一的。随着年龄的增长、知识与阅历的增多以及生活环境的变化，人们逐渐从圆满走向缺失。当言行无法再服从心神的指令时，我们就很难安住在当下，总是被一种隐形的力量驱使去远方，总觉得远方有更精彩的世界等着自己去发现和享乐，于是身心开始分道扬镳，一个向左走，一个向右走，每天在拉扯中重复，在物欲的世界里游离。我们那充满灵性的初心，就这样被俗世的尘垢一层一层封闭起来。由于听不到内心发出的正确指令，即使偶尔清明的时候听见了，也不会服从，惯性地选择用意识去刻意压制它，导致我们在自己建构的看似安全、实则冷漠的世界里内耗。这也是现代人变得不开心的原因，我们对外界产生了错误的认知，所以时常感到焦虑痛苦又找不到解药。想要开心其实很简单，心开，就开心了。

既然如此，我们如何做到打开心门与内在的初心连接合一呢？

首先，从思想层面来说，我们要学习打开自己去接纳和发现世界的真相，破除和放下自己的知见。狭隘与错误的知见以及固化的思维，会把我们的初心与外界隔离开来。在日复一日的阻碍中，我们会慢慢把重心转向外在，把安全感与人生成就寄托在瞬息万变的外部世界上。修行的人都知道，现实世界的一切，犹如在地震带上建立的房子，只要地震一来，就会被摧毁。将身心依托在外在世界，容易导致人生活杂乱无序、精神紧张焦虑，失去本有的放松和有序。因此，我们要树立正确的知见，接受一切无常和无我，放下对自我与自我认知的偏见与执着，不去过多攀缘外在，培养一种内观反省的思维和习惯，去了解世界的真相。

其次，从身体层面来说，我们每天奔波忙碌，除了正常的工作外，还有社交应酬，还经常熬夜，睡眠时间严重不足。由于作息时间紊乱，我们无法得到天地之气的补充，自身的元气也就慢慢亏损了。当下许多人的身体都呈透支状态，所以需要充分休息才能维持生命的良性运转。休息不是浪费时间，而是蓄能使自己走得更远，拥有足够的精力才能提高生活质量和做事效率。为了自己的身心健康，为了获得高质量的生活，早睡并且断除消耗自己的人事物非常重要。此外，还要吃好，吃健康应季的食物，再加上适量的、能促进气血运行又消耗不大的运动，我们的精气神就会慢慢充盈起来。身体养好了，身心自然会和谐统一。

最后，在日常生活中，我们如何觉察当下的身心状态并及时调整呢？我们每天都会照镜子整理自己的仪容仪表，我们的内在也需要照镜子修整。每天可以拿出点时间静下来检查自己，看看自己是否在听从内心的召唤，是否处在心灵与意识拉扯的内耗状态中，等等。要保持身心合一的状态，需要"静"。"人能常清静，天地悉皆归。"静，是心静，意静。平衡就是静，身体各个部位都要平衡，心态也要平衡。静，不是不动，作为一个生命，无时无刻不在动，即使表面不动，内在气血也在流动。所以，人要真想静下来，必须在动中求静，求平衡；动的时候，应该让心静。静心的方法有许多，只要能使你平静下来、精神内守的人事物都可以尝试。比如，每天睡前冥想，从五分钟开始，慢慢坚持下去，在冥想时回收感官，收摄心神。刚开始冥想时静不下来很正常，就让自己闭眼坐着复盘一天的事情，反省一天的工作是否有失误，有没有做过什么损人的行为、说过伤人的言语，找出自己不妥的地方，等等。如果有，就在当下及时忏悔，忏悔完就放下，练习心上不放事的功夫，并用接下来的行动去修正。慢慢地，我们的身心就能自动调整到平衡合一的状态，睡眠也能因此而改善。再者，要放下对外界的贪恋和执着，如果继续逐物恋物而不返，沉湎于外界物欲，就会继续迷失本性，使身心分离，被外物所控制。只有超脱的精神才能善用万物、善利万物而不被万物所累，率性而为又不失本性地活在当下。

关于觉醒

觉醒是什么？

觉醒是对自己和世界的另一种新的认知。

我们为什么需要觉醒？

觉醒了才能对生活有正确的认知，做正确的事，造福更多的人，使世界更和谐美好；觉醒了才不会被自我建构的梦幻世界所桎梏；觉醒了才不会被生命中出现的各种问题和情绪所缠缚而痛苦不安；觉醒了才能重新修复身心、回归清净自然，获得自然力量的加持，充满爱与能量地与外在世界和谐共存。只有觉悟了生命的无常，才能不受命运的控制，珍惜当下转瞬即逝的美好。

觉醒了的人有什么特征？

觉醒是为了不迷，不执迷于当下的世界和所爱的人。不迷，就可以减少痛苦、增加喜乐。觉醒了的人能安住自己的本心，尽力做好自己该做的每件事、善待每个人，包括其他生命。

觉醒了的人能看清一切，清醒地面对真实的自己和世界的真相。一颗沉睡的心，无法清醒地把事情按规律做好，无法用恰如其分的方式爱一个人，这也是导致我们不断在犯错与修正之间循环的根源。只有把生命系统彻底升级换代，找到自己的使命，建立对自我和世界正确的认知，才能做正确的事，用正确的方式爱正确的人，使自己与社会变得更和谐美好，少一分扰攘纷争，多一分喜乐安宁。

觉醒了的人能接纳外在不够优秀的自己，并知道自己有提升的空间，不卑不亢地完善自己，热爱生活，积极工作，善待他人。

有什么方法能帮助我们觉醒？

许多修身养性的方法都能帮助我们觉醒，比如茶道、书法等。我从十余年的茶修实证中，总结了觉醒的三种不同层次，分别是觉、悟、行。首先，通过外在的一个媒介（茶）进行持久专注的练习，身心慢慢被净化后，恢复了本有的觉知和清明，这时我们会对物质世界的现象形成自己独立的思考；接着逐步从外向内心更深层次地体悟和寻找生命的真相，通过持之以恒地潜心修炼，最终找到真实的自己和此生的使命；最后再把觉悟到的真理，落实到生活中的行住坐卧中去实证，形成一套多维看待世界与人生实相的知见。有这个境界的人能够境随心转，无论在哪里都能做到自己是生命的主宰，不再轻易被外界的声音影响。一个真正觉悟了的人，一定是一位清净正见的行者，在自我觉醒的同时会主动帮助想要觉醒的人，让周围变得越来越美好。一个真正觉悟了的人知道，其实外面没有别人，一切生命只是呈现的相不同，内在都是具足圆满的。这也是我们借茶修心、返璞归真（觉醒）的真正意义。

当觉醒后找到了圆满的自己，知道了生命的意义，我们就会珍惜每一天，利用好每一天，不会浪费那么多的时间去焦虑和烦恼，会把更多的精力用来创造美好和欢喜的生活。

动静不二

　　天地万物在永无止息的动态中循环往复，并没有真正的静止不动。从表面上看静止的物体，内在的气或能量却是流动不止的。就像身体在打坐时一样，外在看起来是静止的，内在气脉却一直在循环往复地运行。"清者浊之源，动者静之基。"清澈，是浑浊的本源，清澈流动的水，能够清洗和包容一切污垢。人也一样，清净心是我们生命能量的源头，但人只有经历过动荡，才会发现清净的珍贵。《昭德新编》曰："水静极则影像明，心静极则智慧生。"平静水面上的倒影，我们会看得非常清晰；心灵平静的时候，我们就能拥有照见真相的大智慧。动，是无法照见动的。一个浮躁的人无法照见事物的本质，就像波动的水面一样，照见的一切都是变形的。

　　其实，在平衡的状态下，静中有动，动中有静，动静之间会相互调和。我们想要调和身心回归平衡，变化的基础在于先让自己静定下来，心静身定，内在的气脉便能正常运化起来，身体会慢慢地恢复健康平衡的状态。这时，无论我们的身体再怎么行动，内心都是平静的，即使偶尔有波动，也会有觉知地调频自己，不再像原来那样，身体在动，心情也跟着外界动荡不安。动静不二，并不是常人理解的"行为动作都是慢条斯理的"。真正修行好的人，就像孩子一样天真活泼、自由洒脱，能够灵活地随缘而变，静如处子，动如脱兔，该静的时候静，该动的时候动，当行则行，当止则止。

在快节奏的当下，我们需要慢生活来调节平衡。物质世界的丰盛，需要精神世界来平衡。躁动行为多的人，耗散的元气太多，需要平静使身心平衡，但不是躺平看手机，虽然从表面看这时人也是平静不动的，但"肝开窍于目"，这种行为消耗我们的心神和肝血，与打坐时的静不一样。打坐时的静，是身心安静，但气血在循着规律运动，生发健康有益的细胞滋养身体；而电子产品给人的静，是消耗型的静止，人躺着不动的同时，阻碍了气脉正常的运行，看久了使人觉得身心疲惫，手脚变得冰凉，肩颈肌肉会酸痛。所以，要选择能滋养我们并且使身心在平静中默默生发能量的静的方式，比如静坐。

静坐能使人通过调心、调息来获得真正的平静。静坐时还可以内观，寻找消耗自己的根源在哪里。刚开始静坐时，不管内心多么焦躁，都要安住在当下，直面自己的情绪，不要评判和分析，像看着天空中往来的浮云一样，只是看着它来来去去。坚持练习，就能找到规律，平静地降伏波动的意识。在静坐时，正能量不太足的人，有时眼前可能会出现各种奇怪的幻相。解决办法还是一样的，安静地坐着、如是看着，但不评判不分析，用觉知和呼吸把自己带回当下，可以点燃一支沉香安神。久而久之，就能从静坐中体会到定生喜乐的境界。

其实，静坐不只是让人平静，如果只是追求平静，方式有许多种，为什么偏要选择静坐呢？静坐最特殊的地方在于，它能修复身体消耗的元气，升华生命的境界，鼓动身体生发正气能量，还能改变人的面相和气运，人会越坐越貌美心善。实践出真知，开始实行吧！

见山只是山

宋代青原惟信禅师曾提出参禅有三重境界，分别是："见山是山，见水是水；见山不是山，见水不是水；见山只是山，见水只是水。"初心是空，见山是山；染心有色，见山不是山；历经千帆后返璞归真，见山只是山。

我们每个人涉世之初，都怀着一颗赤子之心，像一面明镜一样看什么就是什么，能照见万物的本来面貌，能发现自然的美，能与自然万物和谐共处。随着年岁与经历的增加，我们的感官迷恋上了五光十色的花花世界，精神也过多地耗散在酒色财气上，于是先天圆满的状态被破坏，落入后天意识的见闻觉知上，总是被外界的表象所迷惑。有的人在经历了社会上复杂的人事后，变得不再像起初那样信任他人了，在与人打交道时，会习惯性地戴上一层盔甲来保护自己，那颗本来无一物的初心沾染了世间的微尘，逐渐迷失了根本。脱离了初心，看待一切事物都像雾里看花一般，模糊了世界的真相，慢慢开始怀疑自己所看到的一切，总是以二元对立的思维来思考遇到的人事物，总感觉看什么都不真实，怀疑别人的同时，又怀疑是否是自己想多了。复杂的人事消耗了太多的精力和能量，以至于常常把手中的事搞砸，把真心的人弄丢。

我们总是用一双有染的眼睛去打量这个世界，看到的往往不是事物的本质，"见山不是山"。在这种状态下，容易认虚假为真实，将真实又想成是虚假。我的经验是不要去管外在的社会与人心多么复杂，不要因为外在而改变自己的真诚和初心，坚守自己的原则，但又要懂得变通。不管外在多么虚假，看清了但不要说穿，保护自己不受伤害的同时，把自己手上的工作做好，不因外在而影响自己的节奏，坚持自己做人的原则，勤奋踏实地行好当下。等时机到了，总会找到适合自己的立足之地，总会有与自己同频的领导或者伯乐赏识，总会遇到那个对的人。所以，无论如何都要做好自己，不因外界而改变自己前行的方向和初心，这样可以活得更快乐轻松一些。最重要的是，不管外界如何否定你，你都要相信自己，只有相信自己，才会有能量去抵抗和化解外界的喧嚣。工作已经不容易了，尽量不要再给自己增添不必要的心理负担。工作除了体现个人价值外，更重要的是磨炼心性，锻炼出一颗强大柔韧的心，去熟悉世界的规律并超越原来的自己。工作的重心不是去交朋友，淡淡相交最好，这样可以避免因人事而消耗心力。只要有不深陷在人事之中内耗，把精力用在做好事情上这样的心态，无论身在何处都能"见山是山"。

我们所看到的世界，往往是内心的投射。每当怀疑外界和自己时，我们就反求诸己，擦拭自己被污染的心；让心灵回归平静。在心有污染的状态下用有限的意识和经验去看，能看到的也只是我们认知范围内的一个小小的局部，很大可能不是真相。真相是一个整体，需要一颗清净心才能照见。真相往往藏在肉眼和意识所能看到的范围之外，只有少关注外在纷繁芜杂的世界，静下来内观，观自己和自己的世界，清除头脑里多余的杂念，让波动的意识平静下来，才能达到"见山只是山"的境界。这是平衡又超越的境界。

"见山是山"如实照见，和历经千帆后"见山只是山"的意境是不同的，后者是知世故而不世故，是长途跋涉后的返璞归真，更为难得。我们大部分人都停留在"见山不是山"中走不出来，看什么都不是什么，怀疑自己也怀疑世界。殊不知想得越复杂，人事物越往反方向发展。让心灵恢复平静清澈，正确的答案就会自显。

由定生慧

由于常年事茶，我习惯了专注当下，享受沉浸在自己的世界里，并从中体悟事茶带来的身心变化与成长，去探索自我的极限，看淡成败得失，不以世俗的眼光左右自己正确的方向。我深知外在的一切变化无常，只有经验和过程真实不虚，人事的聚散离合自有它的规律，人无法掌控，人唯一能做的，只有专注在每个当下，尽己所能，把该做的事做到极致，不给未来留遗憾，等这个阶段的事情过了，便果断放下，心安理得地开启下一个新旅程，不断向前走。当做好了自己，对人对事都足够坦诚，一切结果都是最好的安排。

在喧嚣的都市中，想要保持平稳的身心状态，就需要有定力，并懂得取舍。如果容易被外界干扰，就要主动拒绝一些影响自己心灵平静和干扰家庭和谐的人事，这样才能守住自己，不被裹挟。在当下时代，外界诱惑太大，总是变着花样来迷惑我们，当自身能量不足，又没有一定的定力和智慧时，就容易被污染。人一旦变得复杂浮躁，就静不下心来踏实做事了，总想着如何投机取巧走捷径。为什么建议修行的人在修行初期尽量减少无用的社交？因为人要在安静的氛围中修习心灵的平静和定力，有了定力，再入闹市磨炼心性就不会轻易被外界影响了，能够在任何境遇下都保持如如不动的心。

　　学习也一样，开始要专一，少听少看就会少烦恼，用清净心一门深入地学习，等三五年有了定力，生发了智慧，再出去学习百家，那时就会增长见识。心中有了智慧，才能分辨真伪，就不会被外界影响了。如果心中没有定力，自然也不可能生发智慧，这种情况下如果去多看、多走、多闻，只会污染自己的心，分辨不出真假，就会越学障碍越多，反而徒增烦恼。如果我们没有正确的指引，自己也不知道到底需要什么、什么是适合自己的，觉得好像什么都很好，都想要尝试，那么最后很可能会被好奇心和欲望把自己搞得越来越糊涂。在我们的学习中，没有什么比找到自己更重要的了，只有找到自己了，才知道怎样选择更适合自己。许多时候，我们没有放下偏见和傲慢，缺乏耐心，总是想以最快的速度达到目的。抱着这样的功利心学习，到头来学的东西、增长的见识只停留在表象的见闻上，根本入不了心，对生活和自己起不到真正的作用。

我们应该都听过"道高一尺，魔高一丈"的说法，我觉得还可以这样理解它的意思，当修炼到一定的阶段后，功夫越高，障碍就会越多，这就像小学生做小学的功课，大学生做大学的功课一样。修行中出现的障碍都是考验我们的定力和智慧的，我们去降伏它，功力就会增高。正因如此，有一些在修行路上的人，觉得越修行反而变得越来越不顺利了，想要退缩放弃。其实这正是考验我们的时候，要清醒地观照，平静地接纳，坦然面对并解决遇到的障碍。如果自己的力量不够，可以跟老师坦诚交流，寻求力量与智慧。

万物的规律都是在波折中不断向前发展的，出现阻碍只是时间早晚的问题，但早点总比晚点好。先苦后甜，至少还有足够的时间和精力去修正和弥补过错。

心念生灭

天地及水，善利万物而不争，有德行的人会效法天地水之道，不以一己私利而损害他人的利益。大部分人都有私欲和利己之心，合理的需求促进生命健康与内外的和谐，过度的欲望会破坏身心的平衡。

欲念的力量是强大的，过度的欲念和思虑，让我们听不到自己真实的心声，还会大量消耗能量和精力，让生命处于消耗之中。念起即死，念灭即生，所以及时转念很重要。出生，即我们的初心脱离了先天纯真圆满的"一"元世界；入死，即初心被贪欲蒙蔽，落入后天人为分别心的"二"元世界，受到念头与情绪的控制。我们如何做到保持初心，入生生之门呢？

在世俗生活中修行，让自己的心回归澄澈。生活中那些反复出现的问题，其实是我们一直没有完成的功课。心灵的层级和品质，是由我们经历困难时不同的态度决定的，直面并解决问题，心灵的层级就会高尚清澈。所以，我们要善于在每件事中总结经验，获得成长，化解困难，让自己的心灵不断升级超越。我们要用宝贵的生命和能量去做正确的、有利于他人和社会的事，减少无谓的消耗。

要想提高生命的层次，我们还要培养全新的、积极处理问题的思维。只有把遇到的问题解决了，才能更上一层楼。当困境来临时，最重要的是面对问题，在困境中不断尝试、忍耐、转念，最后才能收获经验与智慧。人不能太贪心，既想要获得智慧，又不愿意去承担和忍受过程的艰难。万物都有两面，想要收获成果，就要有勇气去付出和承担。如果我们想改善健康，就要留意吃什么会让身体不舒服，顺着这个感觉，细微地观察自己，然后及时做调整，坚持这样做身体会慢慢变得更健康、更有觉知。如果遇到了情绪问题，就留意是什么人、什么事情扰乱了我们平静的心，找出原因及时调整。总之，要去找原因，克服难题，让自己成长，永远仰望星空，向光而行。

只有把每个阶段的功课都攻克了，才不会越积越多，如果选择逃避，就会积重难返，像一团乱麻理不清头绪。任何时候都不要放弃自己，要坚定正确的信念，把消耗在不值得的人或事上的精力，转移到更值得、更有意义的人或事上。只要保持正念、正行，相信我们的未来会更好。

没有解决的问题，躲得了一时，躲不过一世，看似躲过了，其实它会换一个地方、换一个人或事再次出现。所以，我们可以静下来好好想想自己的"死地"是什么。什么念、什么人、什么行为、什么事，什么环境，让我们一想到、一见到就会心烦意乱，感受到身心的消耗。把这些人事物，统统找出来，归入自己的"死地"。如果是交往的问题，就减少往来；如果是环境问题，就尽力创造条件，改变环境；如果是行为问题，就努力突破自己，修正行为；等等。只有去正视问题、解决问题，我们才能回归清净活力的生生之门。

我们还可以花点时间想想自己的生生之门有哪些，比如，想到什么人能让自己充满力量，见到什么人能让自己心生欢喜，做什么事能让自己平静下来回归真我，和什么人在一起能启迪智慧、净化心灵、激活自身的能量。主动靠近这些能带来正能量的人和事，我们就一定会有收获。个人的能量是微弱且消耗的，我们活着不只是为了吃喝玩乐，还应该利用短暂的一生升华生命，追求更高的精神境界。我们可以这样提醒自己：正念，入生生之门。

其实，做每件事都应该在过程中下功夫，功到自然成。"种瓜得瓜，种豆得豆"，修行和做事的方向和过程错了，结的果实怎么会如愿呢？修行的意义就在于修正错误的思想、行为，建立正知正见，回归正念，再用一颗平常心落实到实际的行动中去待人处世。正念的人，拥有强大的能量，可以自由地享受生命本真的美好。

念头会影响人们的身心健康，所以我们要培养有益的兴趣爱好，并常怀善念提升生命质量。不怕念起，只怕觉迟，当被烦恼妄想笼罩时，我们要及时觉察并转念、止念。只要及时觉察并转念，就不会陷入自我消耗中，也能避免错误行为发生。踩油门容易，踩刹车却更需要智慧和果断力，这就是我们修行的意义。

我时常在想，如果我们用反复犯错蹉跎的时间，去做正确的事该多好。然而，在现实中我们往往是该坚定前行时，却选择停止；该停止时，却一意孤行。人生中许多遗憾都是如此，坚持了不该坚持的，放弃了不该放弃的。念起即觉，觉之即无，觉的当下即入生生之门。

永恒的爱

　　爱，是自性流露的慈悲，是一体同观的平等心，是无我合一的深度连接。真爱，是世间最高级、最稀有的奢侈品。真爱，代表着彻底放下自己，心甘情愿地无条件付出且不求回报，并且在付出的过程中自己还是喜乐的状态。只有精神极其独立、内心极度强大的人，才有充盈的能量无条件去爱。所以，真爱只会发生在自性圆满的人身上。

　　世间的爱情，大多以小我聚合而成，更多的是受欲望和利己心驱使，建立在需要回报的基础之上，爱对方是想要对方爱自己。我们为什么无法做到无我的爱？因为我们大部分人的意识都只停留在低维度的物质世界中，很难超越欲望去无我地爱一个人。真爱，不是从对方那里索取来的，也不是对方想给就能给的。世俗的爱情在过了充满新鲜感的甜蜜期之后，留给我们更多的是烦恼、纠缠与消耗，哪里还有多余的能量去给予对方？

在两性关系中，我们想要拥抱爱，就要先知道什么是爱、如何去爱。了解了这两点，才能真正体验到爱带来的美好感受。爱，是能量的自然流露，需要花时间涵养身心、增长智慧，不随意消耗自己宝贵的能量和精力。只有自己足够爱自己，才能分辨出对方是否爱自己，才懂得把爱分享给值得的人，使双方都能在一段关系中得到滋养。不管什么关系，爱都是自己的事，与他人无关；不管对方如何回应，都不应该影响我们自身的情绪。这样的状态才是独立且健康的，也只有如此，我们才能获得善缘。一个心中充满爱的人，即使无人保驾护航，也有智慧和能量抵御世间一切惊涛骇浪；无论经历什么，始终都会保持那份热爱和纯真，发现世界真善美的一面。

如果是因为缺爱而向外寻求爱，这样的关系多半会不欢而散。如果有幸遇到一位高能量的人，对方可能会点燃自己；假若对方本身就是一个爱无能的人，不仅不能补给我们所需，还有可能灭掉我们本有的微光。无论何时，爱人之前先学会爱自己，这是最重要的功课。外在的一切都是无常的，随时都在变化，永恒的安全感不在外面。我们一生都在寻找归宿，有人把"情"寄托在伴侣身上，有人寄托在朋友那里，有人寄托在孩子身上，总之都是在寻找。既然是归宿，就不可能在变化无常的外界找到，更不可能寄托在可变的人身上，这两者都会让我们的心动荡不安，我们不但没有获得归属感，反而会增添无尽的烦恼。有部分觉醒了的人意识到，将此心安放在他人身上是徒劳的，便转向山水花草之中或有益身心的爱好上，借自然的媒介去寻找自己的归依之所，在日复一日不断完善自己的过程中，找到本真的自己和爱的源泉。

当自己独立圆满时，真爱就出现了。

海纳百川

　　真正见过世面的人，并不是要走过千山万水、吃过多少饕餮盛宴、过着多么奢华的生活，比这更重要的是，他们面对利益时的不争之德、为人着想的宽广格局，无论顺境还是逆境都能保持一颗静定从容、向阳而生的初心。

　　海纳百川，大海因处下不争引百川归附。有道之士的胸怀也如同大海般广博，静而不争，接纳发生的一切，接纳不一样的声音和知识，随喜他人比自己优秀，包容自己与他人犯错，并给予自己与他人成长的机会。静水流深，安静的力量最强大，大部分有意义的事都是在安静等待中酝酿生发的，比如打坐时需要在静定中等待一阳来复，写作时需要在静定中等待灵感喷发，泡茶时需要在安静中与自我连接，等等。有道之士看起来总是沉静安定，无论在任何境遇下都波澜不惊，不会因为一点事情就情绪激动，内心始终保持虚明澄静的状态，默默滋养和影响周围的人。他们通常和颜悦色，让人感觉很有亲和力。在与人相处时，他们会自然而然地调频自己向下兼容，让人放松自在。有道之士像水一样自甘处下，无论和谁在一起都会让对方绽放自己。他们不管面对谁，心中始终如如不动，不被外界动摇本心，一切都以平常心对待。

自私狭隘的人，由于自身容量与格局有限，又不愿主动扩宽自己的胸怀，只能局限在自己有限的范围里和同频的人在一起，反复炫耀拥有的财富、伴侣以及孩子，议论他人的是非长短。好像脱离了这些外部条件，他们就无法找到存在的价值，固步自封地待在自我设限的舒适区里，难以超越。由于自身的傲慢与嫉妒，再加上不愿意谦卑地向身边比自己优秀的人学习，他们的德行能量不能匹配他们当下所拥有的一切，他们也就难守住当下的拥有，所以生命之道越走越狭窄。

还有一些鼠目寸光的人，为了眼前的一点蝇头微利与人计较得失，做起事来又如蜻蜓点水般肤浅功利，常常是还没有付出，就想着回报。由于缺乏专一深入的自信和付出精神，他们很难完成一件像样的正事。缺乏奉献与专注的品格，他们自然就无法得到别人的尊重与认可。只有像大海一样宽广包容，像水一样安静无为地付出，生活才会变得美好。

无声胜有声

天地之运化，没有任何人为的干预，彼此非常默契地配合；四季轮转，每个节气都不失其时地履行自己的职责。有道之士会效法天地，与人相交以诚相待，不会为了私欲而去攀附，也不会辜负别人的信任，他们会按规律和良知把该做的事做好。

在生活中，我们可能都遇到过一些非常热心的人，出于善意，他们想要把自己走过的弯路、踩过的坑和总结出的经验与人分享，避免别人犯同样的错误。他们的初心是好的，如果遇到良人，对方会非常感激；如果所遇非人，对方不但不感激，反而会心生怨恨。我也亲身经历过这样的事情，后来才领悟到，很少有人会被道理唤醒，大部分人只会被自己遇到的南墙撞醒。所以，我们也应该等到有人问时才开口，要观其时，该说时才说，而且要长话短说，说重点。医不叩门，道不外求，没有人主动问，就闭口不说，养气忘言。

　　最美妙的是无声的默契，人生能遇到懂得自己且彼此珍爱的知己，是幸运的事情。知己之情贵在心意相通，彼此启迪，共同成长，变成更好的自己。在当下时代，若能遇见知己，当彼此珍重。饮茶也是如此，明代张伯渊的《茶录》中记载："独啜曰幽，二客曰胜，三四曰趣，五六曰泛，七八曰施。"作为一位茶人，事茶十余年之久，我依然觉得一个人喝茶是十分美好自然的事，在安静的氛围中可以与茶深度连接，被茶洗礼滋养，启迪内在的智慧。除此之外，就是跟知己在一起，彼此之间无须多言，端起茶杯相视一笑便懂得彼此心中的千山万水。记得有一次深夜在家，我把家里的灯都关了，点上蜡烛，在烛光中伴随着知己清幽淡雅的古琴音，安静地泡了我人生中一道特别难忘又美好的茶汤。我们在一起时既独立又相融，不需要应酬，就静静地喝茶，专注地听对方的心声，抑或无须交谈，只是各自做各自的事情。其实真正的知己，要的并不是物质利益交换的关系，或者曲意逢迎地讨好，而是那份彼此惺惺相惜的默契。

　　所有美好的关系都是自然而然的，双方在一起很放松宁静，就像和另外一个自己在一起。我们想与内在的知己沟通，可以借茶汤引领我们与内在自我连接。如果不了解茶汤，想要与它沟通连接，也可以先了解自己，与内在的自我沟通，由内在自我引领我们去与茶汤连接，让自己生命的境界升华。

以出世心，做入世事

传统的道家文化是道术合一的，行而上下圆通无碍，既有超越的思维，又有可落地实践的方法，最终都是为了人们能回归平常的生活，平静地活在当下，享受自己独特的生命和旅途。修行好的人，在做事时就会有以出世之心做入世之事的大智慧。很多人对修行人抱有错误的认知，觉得修行人就应该清静地待在山上，吃斋念佛不问世事。其实修行是为了能够使生命活出本色，做有益于社会的事，不应该只是保持在一种状态下，这是不合道的。

不管什么人，都需要通过做事来修炼自己的心，弥补自己缺失的短板，使自己活得有价值、有尊严。以出世心做入世事的状态是：我是我的工具，我看着我做事，不会把自己桎梏在一件事里，会跳出具体的事件，以清明的心境和深刻的思想洞察隐显，站在更高的维度从事物的本质去分析事件的发展走向，从而决定自己当下的动作。用简单且符合事件规律的方式处理复杂的事情，既能遵守规则又能通权达变不僵化。不僵化很重要，我们应该在规则内灵活变通，而不是把灵活的生活与生命固化在一个标准里，无趣地过一生。在为人处世时，能够随其曲直的变通才是灵巧的，但不是为了利益而玩弄阴谋诡计。如果遇到暂时的困境，静下来回归自己，聆听内在声音的指引，静待时机重新出发，不要被短暂的现状困住而盲目陷入内卷。

流水不争先，争的是滔滔不绝。在人生的不同阶段，我们会遇到不同的境遇与环境，当看清了当下的局势后，就要果断做决策。如果是好事，就要抓住机会，因为机不可失、时不再来；如果是坏事，不要顾及当下的得失利害，果断放下。也许当下看来自己失去了很多，从世俗层面看是失败了，但不要在意他人的眼光，自己的人生不是为别人而活的。人生路还很长，经验能让人在未来更稳重地前行，做得更好。如果为了当下的利益而选择在错误的路上继续前行，那么更大的损失就在前方不远处了。当止则止，危机里时常也隐藏着转机。借此机会刚好可以利用闲下来的时间继续充电，查漏补缺，完善自己。等待时机成熟时，自己也准备好了，并且比之前更加完善丰富了，也更有经验了，知道该以什么方式做事更适合自己了，就能在与自己能力匹配的更广阔的空间里施展自己的才华。

　　AI 时代已经来临，我们更要持续学习，找到自己的价值，不断精进提升自己，才不会被 AI 取代。有能力更要有德行，才能把握好一个恰如其分的度去驾驭当下，以恃才傲物的傲慢心待人处事，只会把事情推向相反的方向。孔子曰："君子不器。"我们要不断拓展自己的格局，挖掘自己的潜能，不局限在自己的领域里。在深耕自己的领域后，要跳出自己的专业，培养与之相关的多元技能，使自己更丰富全面地发展。我们还要借事炼心，修行完善自己，以超然的心态去驾驭具体的事情，并在做事时注重体验过程，看淡结果的成败。

　　修行是为了更好地生活，不是脱离生活，而是超越生活。

越走越孤独

叔本华曾说:"人,要么孤独,要么庸俗。"通往孤独的道路有两条,一条抵达圆满,一条走向缺失。前者是觉悟后选择出离,独自踏上向内寻找本真自我的道路;后者是因为缺乏对自然与美好事物的感知力和连接,不能从平常的生活中发现美好,无法通过自己创造新鲜有趣的生活,于是从自我构建的空虚无聊的生活中逃离,走向喧嚣,沉迷在物欲横流中,从而离幸福的生活越来越远。

人在孤独中可以找到知己,那便是内在圆满的自己。除此之外,还有静默中的一切,与它们相伴,生命会变得既丰富又安宁。一个伟大丰盈的心灵,无论在哪里都是孤独的,但是它与外在的关系既分离又相连,如同扎根深厚的大树,可以安定地屹立千年,与天地相伴,何来孤独?它们孤独地成长、孤独地活出自己,静静地完成一生的使命。孤独的另一面是喧嚣,对于无法独处的人来说，闲暇时光反而是对生命的一种惩罚，只能通过单一的、消耗的方式来打发原本可以滋养自己的时间。然而，真正丰富的生命，只能在孤独中圆满。能够享受孤独的人，远离了复杂的人际关系和环境，减少了由情绪波动引起的能量消耗，全然地与自己舒服地待在一起，所以能享受孤独的人，是非常健康且养生的。每天固定给自己安静独处的时光，可以生发智慧、升华思想境界，这是孤独的价值。人生中一大半的灾难都源于喧嚣的社交，喧嚣处有商机，也有危机，只有修炼一颗静定心，才能处变而心不乱。一个人时，我们的心境平和安宁，能看见真实的一切和自己，能听见自然中最美妙的声音，能与自然中的一切紧密相连。孤独里有烟火四季，还有诗和远方，孤独是一个圆满的世界。一个人只有在独处时才是真实的，不造作伪装，自由自在地说走就走、想停就停。当我们能全然地放松下来时，真实的自己就出现了，这时不要急着逃避，坦诚地与之对话并接受审判与奖赏，当下就会获得某种更好的甚至意想不到的东西。人在动荡不安时或在喧嚣处，是看不清方向的，只能被动地跟着环境转动。只有在安静独处时，才能观察到事物的本质，听见真相的声音。

每次身处喧嚣时，我都能感受到自身能量的巨大消耗，让我精神涣散、疲惫不堪，这种消耗是吃任何山珍海味都补不回来的。每当我调整好自己"回家"时，很快又会恢复清明饱满的状态，所以我能深深体会到宋代无门慧开禅师在《颂平常心是道》中所写："若无闲事挂心头，便是人间好时节。"心有挂碍，无论到哪里都是流浪；心有归宿，在哪里都是故乡。越走越孤独，停止处即港湾。家里没有的，外面也没有，只有找到了圆满的自己，才不会到处寻找流浪。

我们该如何找到圆满的自己呢？向内走，诚实地面对自己，生命的力量就启动了。何期自性？本自具足，本自清净，本不动摇，能生万法。我们的惯性始终会推着我们不断向外去喧嚣的地方寻找，通过满足欲望的方式来填补内心的缺失。其实只要停下来、安静地返观内照，就找到了。大道至简，真理都是简单平常的，对于当下复杂的社会和人心来说，难就难在太简单了，人们反而忽略和不信，被复杂的名相吸引，结果越走离本真的自己和真理越远。我们最熟悉的陌生人，不是别人而是自己。与我们最亲密且终生相伴的只有内在的自己，它一直静静地待在那里等着与我们重逢，只有在孤独中才能找到它。当我们找到了本真的自己，我们的生命就圆满了，外在的一切关系都将成为生命中锦上添花的存在，这是孤独带给生命最好的礼物。

珍贵的宝藏不在人群中，而在寂静处。回家的路，是一条鲜少能在喧嚣处找到的通向圆满的孤独之路，在孤独中从容不迫地抵达圆满，是人生中最酷的事。想要找到归宿，我们只有安静下来向内走，在孤独中超越，与内在真我连接，才能顺利抵达圆满。孤独能成就圆满，回家的路是唯一安全的路。找到了回家的路，无论我们走到天涯海角，都不再感到孤单，也不会再迷失，因为随时可以回归温暖的港湾。绚烂是短暂的，唯有孤独永恒。

年轻时大家都害怕独处，要么一群人狂欢，要么沉迷在网络世界里，但这些消耗型快乐需要从外界获取，并且无法持久。当娱乐结束后独自一人时，我们很快就会产生被掏空的疲惫感，陷入更加空虚和迷茫的状态中。人是有惰性的，一旦习惯了不通过努力和主动创造获得快乐，就容易形成被动地接受和走捷径的思维，离自己的理想渐行渐远，人会慢慢变得没有主见、固化社交圈层，沉迷在物质世界里随波逐流。由于自我没有创造幸福的能力，只能从别人的关怀中获得情绪的慰藉和片刻的安宁，但这样的快乐是让人不安的，一旦外在的力量抽离，我们就会陷入痛苦中，怎么办呢？向外求是一条永无止境的路，无法从根源上真正解决孤独的问题，只有将精神寄托在内在具足圆满的自我身上，才不会受他人情绪的影响而消耗自己。漫长的一生，不可能一直通过跟朋友聚会来逃避面对自己和孤独。

并且如果社交太频繁，我们就会缺少静下来汲取新鲜有益的知识的时间和精力，心里装着陈旧的观念在生活中循规蹈矩，又如何把自己的生活经营得风生水起呢？即使是一家人，也需要日日新才能为一成不变的刻板生活注入新鲜的能量。我们应该多花一些时间来经营自己，挖掘属于自己生活的独特之美，体会由自己创造的幸福感，活出属于自己的幸福生活。

当有了一定的人生阅历之后，这种不断消耗的生活方式，会让一部分有觉悟的人想要出离，他们会思考和寻找其他的生活方式，一种不借助向外求、通过自我调节就能获得平静喜乐的生活方式。于是，他们踏上了由外向内探索的觉醒之路，在孤独中寻找生命的意义，思考人生中痛苦烦恼的原因，通过不断学习，朝心中向往的自己改变。向内寻找并不是一条容易的路，是少有人走的"勇士之路"，只有静下来思考清楚自己到底要去向何方，才知道选择怎样的方式到达目的地，减少走弯路。由外向内走，虽然在开始时不太容易，因为这是一个与走了几十年的老路完全相反的陌生方向，还会遇到许多障碍来考验我们的诚意，但只要能坚定目标笃定前行，终会抵达终点。人生的每条路都充满荆棘，既然如此，何不选一条正确的路？即使途中困难重重，至少可以使我们的生命变得更有意义。回家的路，是值得走的路；只要你想，没有人可以阻拦。

在向内探索的过程中，我们要给自己一点时间，不要急着想要结果，这是顺其自然、不可强求的，过程越自然，走得越轻松，一旦有为，动作就会变形，越想越得不到。坚持每天给自己一点独处的时间，静下来聆听内心的声音，去挖掘自己真正的热爱和向往，找到对自己身心有益且热爱的事情，通过不断学习提升，弥补自己的不足，朝着理想的方向不断前行。最初也许会失败，但要想彻底改变现状，就必须离开舒适区。只有经历过短暂的孤独带来的煎熬，才能拥有长久平静的喜乐。孤独的背后藏着你想要的礼物，坚持探索下去，坚定地往里走，就能找到本真的自己。本真的自己，不是凡事只为自己考虑、不管他人感受的小我的自己，也不是那个暴躁任性、乱发脾气、影响他人的自己。本真的自己，是平和且友善的，是善待自己也善待他人的，是那个能履行自己的职责并热爱生活、享受独处的自己。

小寒之后的一天傍晚，我独自一人行走在静谧的路上，感受着微风拂过脸颊的温柔，走过一片田地，自然而然地在田埂上静坐了一会儿。虽然大地已经闭藏，但我还是能感受到一丝生发的气息。只要全身心投入自然的怀抱，就会浑身充满能量。与天地精神往来，就是如此美好有益。

善良的人是怎样的

　　我们美好的品德大多是用行为来表达的，而非语言。比如善良，真正善良的人，大多不善言辞，他们真诚、正直、勇敢、慈爱、肯奉献、有智慧，不会为了达到自己的目的与人交往，不会说花言巧语来蛊惑人心，更多的是用行动表达心意。"上士无争，下士好争。"善良的人不会为了利益与人相争。真正行善的人，不会花时间和精力去跟人争辩是非，更不会做了一点事情就公之于众，搞得人尽皆知。他们的行为只是出于恻隐之心，就像天道一样，无声无息地运化万物，不占有、不邀功。所以，善良的前提是乐善好施，念头善、行为利他，具有一体同观的慈悲心。

　　"君子之为利，利人；小人之为利，利己。"君子谋利是为了做有意义的事，救济更多人，所以君子与小人从表面看好像在做同样的事情，但是背后的初心是不同的，一个是为了有财富后可以使更多人受益，一个是为了给自己积攒财富。在君子心中，生命本质的升华与身体的健康比身外之物更珍贵，他们不会为了外物而伤害自己的根本，正因为有这样超脱大爱的精神，所以他们的心灵是澄静的、内心是具足圆满的。

想要保持心灵澄静，就要有超脱的思维，不被外物累其心，这样才能物来如是照、物去任自然。天地就是如此，虽然万物有盈虚消长，但任其自然发生，对万物利而不害，付出不占有，所以能天长地久。善良的人会效法天地，认真做好每一件该做的事，但无私心而为，虽然过程中会有损益予夺，也全是慈心一片，没有存损害之心，一切只是为了平衡。人如果能做到心无挂碍，自己就是全世界，也就拥有全世界，不管是拥有人还是物，都是如此。

虚怀若谷的人才能厚德载物，与天地精神往来，空能生发智慧和能量，不是世间的钱财名望可以相提并论的。舍即是得，舍了小物，拥有大气场、得大自在、得大欢喜。不执着于过多拥有，明白生命中什么是最重要的，不为外物而影响自己和亲密关系。个人的格局是很有限的，应该不断倒空生命中的杂物，扩大心的容量，而不是让外物占满自己本就不大的内存，压得自己喘不过气来，这样的状态如何享受生命、发现生活的美好呢？所以，施恩不求报，帮助别人是出于良知，做自己认为对的事情，不因外界的误解而跟人争辩，或放弃该做的本分。

前几天我在思考：到底什么是贫穷的人？贫穷和富有只是物质上的差别吗？到底谁更贫穷，是默默在付出创造的人，还是贪婪攫取不懂感恩、一心想着毁坏的人？到底什么是尊贵的人，是靠自己努力奋进的人，还是四处钻营、不劳而获的人？风物长宜放眼量，内在品质高尚的人，无论日子过得怎样，至少内心是安宁富足的，而金玉其外、败絮其中的人，好日子也不会维持太久。

看淡宠辱得失

中国传统文化非常注重"心"的意义，修身养性修的就是一颗平常心。人心为何不平？因为有欲，想要又得不到，或者得到了想控制占有，从而激起了情绪的波澜，影响了心境的平和。人们在面对外界时，总是患得患失，原因在于没有稳定的内核和自知，生命的状态在向外求，所以会被外界干扰。

欲望和思虑对生命都是消耗，会使人失去身心的平衡和健康。当我们明白了外在的宠辱得失都只是生命的附加，过多关注只会分散自己的精力、消耗宝贵的能量、影响前行的节奏时，我们就应该减少思虑对身体的消耗。生命的轻重次第应该是：外物，肉体，心。他人的评价和态度是末端的末端，我们不应该本末倒置。生命的意义在于吃饱穿暖，有了能力之后，向内去服务心灵，听从内心的召唤去做有益于生命和社会和谐的事，不是为了身外之物和他人的看法而活。如果持有只为肉体而活的生命观，就会把自己困在一个狭小的格局里，如何体会生命的自由与美好？

平静，是最养生的活法。然而，人非草木，在爱情的世界里，即使再高冷的人，在得到自己喜欢的人的宠爱时，还是会不由自主地沦陷其中，这就是爱情最迷人的地方。当深爱一个人时，我们容易陷入患得患失中，会刻意表现自己，把真实的自我隐藏起来，用投其所好的方式来塑造自己、迎合对方，久而久之，心灵也就失去了自由和平静。如果身心不能知行合一，把自己的能量与重心寄托在别处，事情往往会朝反面发展，越在意越有为，失去得越快，因为所有事情只有顺其自然，才能自然而然地开花结果。如果不是因为对方的人格魅力而爱一个人，那么一旦不能如己所愿，就会意难平，觉得自己付出了那么多，对方凭什么这样对自己，从而生出报复心，以爱之名道德绑架对方。当然，在爱情的世界里，我们付出时都希望对方有回应，只是若为真爱，在没有得到回应或者受到伤害时，不会抱怨和伤害对方，而是克制自己，找到并解决自己的问题，让自己成长。

在一段健康的关系里，一个人之所以被爱，是因为身上的闪光点。当一个人因为爱别人而妄为时，身上的光就会黯然失色。只有把自己找回来，爱才会如愿。许多时候，我们以为自己的行为是爱别人的表现，但其实一切情绪背后的根源都是因"我"而起，凡事以我为中心，就会加重得失心和分别心。把自己（小我）看得太重的人，当然就会看重他人对自己的态度，一旦别人的态度变了，自己就开始又"作"又闹。我们以为这是爱自己的表现，但事实是自己并没有因此而变得更快乐，关系也并没有变得更和谐，因为我们爱自己和他人的方式出错了。

真正地爱自己，是能够自己掌控自己，而不是把自己的悲喜交给他人；真正地爱他人，是给予对方想要的爱和自由。当然，如果是自己所遇非人，该放手时就放手，不要卑微地去纠缠乞求任何人，不平等的关系是不会长久的。如果在感情中完全依附于他人，别人想什么时候停止就什么时候停止，把自己的喜怒哀乐以及未来寄托在不确定的他人身上，就是给对方伤害自己埋下了一个祸因。所以，不要因为一段不合适的关系而否定和伤害自己，保持自己的光，总会遇见有缘人。最深的爱与伤害都来自精神，患得患失给身心的摧残是无形的，它会消耗我们珍贵的身体之宝。任何时候爱人都不能太满，留一半给自己的爱好和自己，只有自己才是最可靠的，爱人不能成为自己精神生活的全部。

有智慧的人在爱情中受伤之后会转化得很好，会变得越来越独立强大，不再向外求；而缺少智慧的人，如果转化不好，就会变成当下人们说的"渣女""渣男"，从此不再相信爱情，只会以爱的名义玩弄感情，当然人生也就与幸福无缘了。任何时候对自我都要有清醒的认知，当别人对自己好时，我们要思考，对方是被自己的人格魅力所吸引还是有目的地讨好。前者需要时间的沉淀才能发现一个人内在的品德修养，后者在短时间内可以伪装表演，但经不起时间与事情的考验。

在工作中得到他人的赏识，我们要保持平静的心态，继续充实自己，使自己的才能与之匹配，不要因为受到重视而失去根本。有些财才兼备的人，习惯了众星捧月的感觉，总以一副傲慢的姿态来对待他人，不懂得感恩和珍惜，迷失了最初的低调和清醒。酒色财气是让人逐渐变得昏聩糊涂的东西，人都无明了，哪里还会遇到良人？人生自然也会朝堕落的方向滑行。靠炫富吸引来的，只会是唯利是图的人；靠美色吸引来的，也只会是好色之徒。一旦自己的爱好、环境和生活方式发生改变，身边的朋友便会改变，伴随而来的便是运势的转变，只是自己没有察觉，不明其中的缘由罢了。大多数人都是在事情到达不可挽回的地步，才会恍然大悟。

有时受到他人一时的看重，不一定完全是因为自己多么优秀，也许是因为他人的修养与大爱。有的人还会将他人的好当成对方动机不纯来轻视对待，这是不够智慧和清明的表现。

在快节奏的时代，遇见真心对我们的人，如果不能爱或珍惜对方，至少不要伤害对方。特别是男女之间的情，如果不喜欢对方，就一定要坦诚相待，明确双方的定位，能做朋友就做朋友，不能做朋友就相忘于江湖，这才是有担当的处理方式。如果是爱过而分手，更要说清楚才对，虽然当时对方可能会难过，但是时间长了会消化并理解。这是在结束一段关系时，给自己和对方最后的体面和尊严，也只有如此，自己才会在每一段感情中成长。我一直认为，一个人对待私人感情的态度，是内心品德最真实的呈现；清醒的人，是可以控制自己的，也是懂得取舍的。

任何时候都应该对自我有清晰的认知。人的年龄在变，外在的环境、时代等一切都在快速地变化，20岁时适合自己的人和事，不一定还适合30岁的自己。我们应该在不同阶段审时度势，选择当下和未来最适合自己的另一半，无论是工作伙伴还是人生伴侣。所以，无论什么关系，一定要定位清晰、明确，不要模糊不清地消耗彼此的精力。好的项目和好的人都需要看准了就及时抓住机会去用心培养，美好的风景大多需要跋山涉水才能看到，值得的人和事需要主动去用心耕耘，才会开花结果。自己努力尝试了，觉得彼此不合适再和平分开，至少不留遗憾。

感情和工作中最忌讳的就是浅尝辄止，抱着这样的心态，生命是不会得到真正的成长和滋养的，因为没有通过关系去呈现真实的内心。不真实，就不可能与自己的内在和他人深入连接。虚伪分裂的状态下人是不可能有能量生发的，自我也一直处在分裂拉扯中消耗自己、蹉跎时光。幸福属于专注的人，专注才能使人平静，平静的人才有力量。

爱任何人都不应该是无原则、无边界地溺爱，宠爱不是放纵，在付出的同时应该用善巧的方式去引导对方学会如何爱，让对方能够通过一段关系去成长，将爱流动起来，而不是让对方理所当然地接纳，完全不懂感恩。这只会让对方恃宠而骄。如果某天停止付出，对方反而会心生怨恨。爱要给得恰如其分，最幸福的事是遇见彼此懂得的人。

无论什么关系只有双方平等、互相尊重才会长久。一个真正爱你的人不会磨灭你的自信、让你感到自卑，而是会欣赏你，帮助你成为更好的自己。有些心术不正的人，把他人的真心付出，当成是对方的施舍，认为是对自己的一种侮辱，还觉得伤了自尊。你看，我们给出的明明是爱，而对方接收到的却是辱。人心复杂多变，所以要三思而后行。我们要以对方能接受且需要的方式付出，才能减少时间的浪费和彼此的消耗。不过，任何时候都有一部分人，付出是为了索取；但也有少部分人是为爱而付出，不求回报。只有清明的心，才能洞见。

一切的恩宠与荣耀，都是我们做好了事情之后自然而然得到的，不必因为他人的赞誉而得意忘形，其实这还是攀比心和分别心在作祟。当某天失意了，我们又会陷入负面情绪中自责自卑。所以，无论是得意还是失意，都应该用平常心对待。有时受到他人的指责，有可能是自己有不足之处，意识到问题就加以改进，把他人的指责当作前进的动力，使自己成为更好、更有能力的自己，而不是被外界的声音影响，变得消极懈怠。

总之，应该用一颗平常心看淡宠辱得失，尽情享受当下的过程，无论好坏都把它当作一场体验，并从中学习成长。不在乎得到，又何谈失去呢？当不把重心寄托在身外之物上，不让外界的声音来主导自己的悲喜时，我们会活得更自在从容。

三　生活哲学

生命的意义

"春有百花秋有月，夏有凉风冬有雪。"在自然界中，不同的季节会呈现出不同的气象，盛开不同的花。比如白玉兰会在春天绽放，荷花会在盛夏开放。每种花都是独一无二的，它们向阳而生，时机成熟了自然而然会绽放出属于自己的光彩。

一花一世界，自然界中的花草树木，除了受自然因素的影响外，它们不以任何人的意志为转移，只会专注地做自己，并且尽量做最好的自己。世界是丰富多元的，应该用一颗平常心来欣赏大自然的杰作。如果我们总是戴着有色眼镜来打量周围，就会因为外在条件影响自己的心态，比如有的人看见权贵富豪就去攀缘，看见条件不如自己的就嫌弃远离。其实这种二元对立的思维，伤害的是自己，总是以分别心看待外界，就会离真相越来越远，因为分别心无法使人站在更高的维度去完整地看清事物，这样就很难发现事物的本质，在处理问题时就容易出现偏差，只停留在肤浅的表面，无法从根源上解决问题。最关键的是，这种状态让自己很难真正地快乐起来，因为人一旦想得太复杂，生活就会变得复杂，就很难再在平凡的生活中去享受简单的快乐了。

我们应该放下世俗的偏见，尊重每一个生命，毕竟人的认知是有限的，在有限的认知下，我们又习惯妄下定论和评判。要想不被浮云遮蔽自己的眼睛，看清事物的全貌，除了肉眼看之外，还要更深入一点地看，那就是"观"。"观"是向内看，"观"自己的初心。在内观的过程中，放下主观强加给事物的错误认知，让主体认知与客体实际完全相应，如实观照事物的本来面目。到达"观"的境界后，继续不间断地长期修炼，明心见性后，自己的维度会不断升高，格局也会越来越宽广，思想会更有深度，心境也会变得平和，此时我们再看同样的事情，就不需要动用意识和心机思虑了，直接用心慧观便能照见实相。

我们在与人交往时，应该回到本质上，把人品放在第一位，而不是根据当下的外部条件去作判断。外在的表象都是短暂易变的，而本性很难改变，一个人的现状也随时在根据自己的行为发生变化，盲目且短视地随意评判一个人，再根据对方当下的价值给出相应的态度来对待他，这是不明智的行为，因为一个人的内核决定他最终能走多远。我们需要培养一双慧眼，这样才不会短视地看问题。

每个人一生中的困难都不少，所有的困难都可以看作是对我们的考验。我们需要在战术上调整自己，从错误中吸取教训让自己向上成长。没有一帆风顺的正道，一路上起起落落、磕磕绊绊，再正常不过了。挫折可以磨炼我们的心性，让我们变得更加坚韧。我们不仅要珍惜每次遇见，还要不负遇见，因为善良美好的人能教会我们如何爱，邪恶虚伪的人能教会我们成长与蜕变，同时，还要时时警醒自己不要成为给他人带去痛苦和邪恶的人。《道德经》中说："故善人者，不善人之师；不善人者，善人之资。"不管他人善与不善，我们都应该保持自己该有的素养。

当我们以正向的心态去面对外界时，所有负面的人或事，都能让我们收获对自己成长有益的智慧。从经历中学习成长，并反省修正自己，使自己内心变得越来越强大，慢慢地就能深切体悟到生命深处生发的智慧和温柔的力量，这是对自己经历的最高奖赏。要想品尝到这颗甘甜的智慧果实，就需要忍受苦难时煎熬的痛苦，天下没有不劳而获的事，一切都在平衡中发展。

知足常乐

曾有人问："欢喜心与快乐的区别是什么？我们活着不就是为了享乐吗？"欢喜心是无条件的快乐，是内心自然生发、不假外求的一种丰盈和富足的幸福感，是平静的喜悦，是一种稳定恒常的状态，心不随外境转动，自我能量是饱满的，享受生命本身与独处的美好，珍惜当下拥有的一切，并感恩知足。快乐是外在感官的享乐，需要通过从外界满足欲望的方式来实现，是一种短暂的且不稳定的快感。这种快乐容易得到，也容易失去，当欲望得到满足时就快乐，失去了或得不到就痛苦，心情在患得患失中起伏不定。

如果通过满足欲望的方式来得到快乐，就如同喝海水，喝得越多，越口渴。在欲望的诱惑下，我们往往会意乱神迷地只关注事物有利的一面，忽略背后隐藏的危害，无法冷静理性地做出分析与取舍，陷入愈求愈失、愈失愈求的恶性循环中。身在此山，向往彼山，总觉得外面的世界更精彩；身到彼山后才发现，其实在此山没找到的，在彼山也找不到。归根结底，不是山的问题，而是心的问题。

人在迷乱的追逐中，失去了与自我和自然的连接，向外走得越远，内心越是空洞迷茫，在失去明智的情况下，人会做出许多让自己未来后悔的事情。我们常常在新闻里看到一些知天命的高官或成功人士，因违法乱纪，在本该享受天伦之乐的年纪，却身陷囹圄。富贵险中求者多，功成身退清醒者寡，都是贪欲惹的祸。这些权贵富豪，一度非常成功，但在遇到欲望这个魔鬼时，却无法降伏它。所有的欲望都是一把双刃剑。厚德载物者，可以驾驭好它转祸为福；能量福德不够强大者，内核不够坚定，志向不够高远，就会转福为祸。

幸福的生活是每个人所追求的，而得到幸福的方式有许多种。幸福不是欲望的满足，而是有一颗知足的心。一个心灵贫穷的人，即使拥有再多的物质，也很难真正品尝到幸福的滋味。幸福应该是一种知足常乐的内外平衡的状态，它需要我们用心经营，在没有修炼好自己的定力时，尽量远离欲望的诱惑。

大道至简，只有放下攀比心，才不会因好奇、虚荣和不知足去铤而走险，错失人生中真正的幸福。生活是自己的，与他人无关。每个人生而不同，不管选择什么样的生活方式，都不会是完美顺利的，都需要在自己选择的轨道上打磨自己。我们要按照自己喜欢又不影响他人的生活方式活出自己，如果还有能力使身边人变得更好，这就是最大的福报。

明事理，知进退

"明事理，知进退"，说起来容易，做起来难。

前者是读万卷书不断累积的知识境界，后者是行万里路删繁就简的实战境界。明事理不一定知进退，后者的维度比前者更高，格局更宽广，思考得更有深度、有智慧。知识是在一个限定的范围内输出，而智慧却需要在繁杂的生活中做出平衡与取舍。比如，我们很有学识，在属于自己专业的领域里可以发挥出自己的优势，自我的知识是不会减损的，甚至还在不断叠加；但外部的环境却在瞬息万变，如果不能洞察外在世界的发展与变化趋势，并及时做出调整，就不能用发展的眼光在关键的时候做出正确的取舍。专一做事，相对来说是简单的，但把握全局思考问题却是复杂的，这时只有知识是不够的。如果没有丰富的阅历与高人的指点，就容易局限在自己的认知范围里，使自己深陷其中，给未来埋下潜藏的危害。

　　大部分人在面对利益、权威以及诱惑时，知道前进，但不容易停止，会受到个人认知格局、惯性思维以及情感的影响，舍不得又放不下，从而做出错误的选择。我曾在成都周边的一座古寺里看到过一句话："智者顺时而谋，愚者逆时而动。"纵使才华横溢，也需要顺时而为，特别是想要做成一件大事时，更需要静待时机；如果时机不到，又静不下心来耕耘，被周遭的声音影响自己，带偏自己的节奏，最后往往是瞎忙一场。时机不到或者身处逆境时，我们何不停下来韬光养晦，休息调整自己，静待天时地利人和之时，再行稳致远？《礼记·大学》曰："知止而后有定，定而后能静，静而后能安，安而后能虑，虑而后能得。"人只有保持清醒的觉知和洞察，才能把握好尺度，知道适可而止、当止则止。只有知止，心才能安定下来，专注在当下重要的人或事当中，不做无谓的消耗。精神内守于中，待人做事才能专一，做到极致。人在极度专注的状态下，自然清静无为，心境会回归祥和平静。人心安宁，就没有恐惧；心无挂碍，自然能生发智慧、破除烦恼，最终皆得所愿。

　　知退、知止，不仅需要智慧，还需要勇气；前者是对全局的把握，后者是对个人利益得失的取舍。只有放下个人情感，才能以一颗平静心，用发展的眼光看待人或事，从大局出发，做出恰如其分的抉择。止是刹车，是一味清凉剂。知止，才能避患。

无用处见深情

曾有人问："读书有什么用？"读书做学问，不像做生意，能快速让人见到实际利益，在当下这个快节奏、讲速效的时代，真正踏实下功夫做学问的人少了。其实，能乐在其中认真下功夫做学问，才是真正的"奢侈"，读书不能当饭吃，但却可以让饭吃得香。明朝张岱曾说："人无癖不可与交，以其无深情也。"人是要有爱好的，积极的爱好给人力量，让人在玩物中养志、修行自己，丰富内在的精神世界，滋长出对生活积极向上的热情，培养出随时可以出离喧嚣世界的超脱思维。

当下时代，如果没有修身养性的爱好，就容易心浮气躁。琴棋书画看似无用，却能丰盈人的内心，给人希望和力量。在有条件的情况下，我们有必要每天给自己留出一段时间，完全沉浸在有益身心的"无用"中，培养美好且专注的品质和爱好，使生命更有意义。专注的人才有定力，才有能量与智慧。无用的事物让人在追逐外物的时候，不被外物所奴役。所以，无用真的无用吗？实乃大用。内在厚德，方能载物致远；保持在清醒中奋进，才能避免在无明中沉沦。我们花了大量的精力来打造外在，然而外在表现得越是天衣无缝，内在越容易千疮百孔。如果内在是空洞的，外在也必定是虚弱无力不持久的。想要长久保持一个相对稳定的状态，就需要在无用处涵养生命动力，自然而然地呈现本来的自我。

如果一个人不修内在，只看外在利益，就容易变得自私冷漠、鼠目寸光。以利相交，利尽则断。一切建立在现实利益层面的关系，都经不起时间与经历的考验。外在的一切无常多变，一旦条件变了，关系就会崩塌。一个太精明功利的人，不仅心胸狭隘不能容人，也不太容易做成大事。因为格局越小越容易自满，就像杯子容量越小越容易装满茶汤一样。这样的人，和他人共事，容易因为嫉妒心作祟，心里容不下对方，使用卑劣的手段逼迫对方离开；当然也有可能是对方先看出来了，主动敬而远之。这类人，只适合做一些投机取巧的事情，缺少踏实耕耘一件大事的能力。一个人即使再有能力，也是有限的，毕竟尺有所短、寸有所长，只有发现别人的价值和优点，找到自己的不足，共同发展，才能实现更大的价值，使更多人受益。所以，我们要通过"无用功"，不断内修，持续扩充自己的认知和内涵。

　　前段时间在新闻里看到一句话："当我对别人无用时，自我的价值是什么？"我的想法是：只要人还活着，就一定有价值，只是每个阶段对外界和他人的付出方式不同；对他人无用时，刚好是我们自我完善的开始。如果是年轻人，可以趁此时间做自己喜欢的事，并反省自己需要从哪些方面继续改进，静下心来持续学习进步，不虚度光阴。如果是退休后的人群，刚好可以放松下来回归自己，慢下来做一些曾经真正热爱又一直没有时间做的事，去想去的地方，完成心中的梦想。人只有回归生命本身的单纯，没有那么多"有"的束缚，才能真正地活出自己。

做自己的苏格拉底

苏格拉底曾说："未经省察的人生不值得度过。"现在许多名师谈论的哲学，大多建立在学术哲学的范畴之上，脱离了生活与生命本质，而古代哲学是对美好生活方式的思考与践行，以及对人生智慧与真理的探索。研究哲学，是为了让我们能够身心安顿地过上美好的生活。说得再天花乱坠，无法知行合一地按照心中所想去生活，无法在逆境中保持平和的心境，无法在喧嚣繁华中守得超然物外的恬淡心境，是没有意义的。

要想让生活过得有价值，需要我们在独处中关心和思考自己的德行，认识自己的信念与价值观，并做出正确的改变，培养多元的思维与行为习惯以及对外界的认知和感受，把正确的思想与行为带入生活中，使生活变得幸福美好。真正的哲学，是人们觉醒后，坚守心中正确的信念，将古圣先贤实践出的经典智慧作为生命的指南针，并知行合一地按照自然规律践行的一种健康美好的生活方式。然而，我们大部分人只关心自己活得是否比别人好，拥有的是否比别人多，很少思考生命的本质和意义，以及当下的行为、生活方式、信念和价值观是否正确。就像《小王子》中说的："他从来没有闻过鲜花，也没见过星星，他也不爱任何人。除了做算术加法，其他什么事他都不做。就像你刚才一样，他每天都在念叨：'我在忙正事！'这让他骄傲得不行。"没有自己，就没有生活。日子只是在日复一日间重复，因此苏格拉底会说，这样的生活不值得过。

值得过的生活，不只是眼前的苟且，还有诗和远方。然而，最远的远方，是与最初的自己相遇。当找到了最初的自己后，我们会很享受独处的时光，用许多时间给心灵充电，疗愈自己，内在也会变得越来越有爱和充满能量。当自我能量充沛时，就不会再寻求外在任何人的认可，别人的评价也就变得微不足道了。因为此时我们的内心是平和慈爱的，能体悟到做自己生命主宰的自由，收获由内心生发的喜乐。这时，外在的所有关系，都变得只是锦上添花了，我们能自爱，也能爱人，并且能够主动将自身所修行的平和，无声地传递给身边需要的人，让对方在与我们相处时，获得片刻的安宁，看到生活的希望。

当不再向外寻找，善缘反而会主动到来，我们将遇见同频的、相互启迪智慧的知音。高频的人与高频的人在一起会相互欣赏，即使在一起不说话也懂得对方。这种感觉就像喝茶，当喝过真正的好茶，茶品差的就很难再入口了。如果平时喝的都是品质不好的茶，品味被破坏了，偶尔喝到好茶，还会觉得就那样吧，也没什么独特的，甚至会嫌弃没有茶味。

选择和什么人待在一起，直接决定了生命状态的好坏和生活品质的高低。和高频的人在一起，对方会鼓励赞美你、给予你希望，使你充满能量、积极向上；和低频的人在一起，对方会诋毁、嫉妒、消耗你，把你拖垮到和他们一样的层次。曾经看到过这样一句话："认知低下不求上进的人，他们不能给人带去光明、给予人有益身心的智慧，就只能给对方增添负能量、灭掉对方身上的光。"所以，社交要谨慎。

除了工作中必不可少的社交和与高质量的友人交往外，生活中可以留多一点的时间用来充实自己。每天都给自己一杯茶的时间独处，清空当日的自己，和自己种的花花草草在一起，下功夫读读书、写写字提升自己。这样的学习，不是为了赢得别人的认可，只是纯粹为了完善自己，使自己内心越来越强大，在生活中可以行得更稳、更圆满。一件值得热爱的事情，一个身心和谐的人，有助于家庭和社会的和谐。这是一趟由外向内、再由内向外延展的心灵之旅，先行寂静而后绽放灿烂。愿每个真诚的人，都能在热爱中与圆满的自己相遇，享受独处生发的喜乐，度过值得的人生。

语言的力量

大音希声。最有力量的语言，是沉默的；最深的爱与痛，也是沉默的。语言与文字是传达本质的工具，如果彼此能够心灵感应，其实语言是多余的。我觉得人要么不说话，要说就说真话，就像孩子那样，心里想什么就说什么，真挚地表达内心。但真话一般都不太动听，适合说给内心强大正直的人听。强大与弱小，跟身份、地位、财富无关，与内在品质和能量有关。许多身份地位高的人，实则内心胆小怯弱；而有些身份卑微的人，内在却坚如磐石。

其实真正有智慧的人，话是很少的，但说的话往往直击要点，他们能看透事物的本质，实事求是地按规律把事办好，把复杂的问题简单化；而有的人很会说话，并且能够投其所好地说对方喜欢听的话，听起来好像学识很渊博，但仔细听会发现说不到重点，脱离了本质，总是在事情的表象上打转，把简单的问题搞复杂，既浪费他人的时间，又消耗他人的精力。遇到这种情况，认知高的人，一般会保持沉默，不是一条道上的，说得再多也是对牛弹琴，多说一个字都是浪费，多看一眼都是消耗。其实大部分人听见和看见的，都是自己的内心世界，而非真相。知音难觅，与真正懂得自己的人也无须多言，"心有灵犀一点通"。

《小王子》里说："只有用心灵去看才能看得清。肉眼看不见本质的东西。"其实，重要的东西，耳朵也听不见，需要让感官冷静下来，用心去聆听；重要的东西，如果心灵意识不纯净，也是看不清楚的。在现实中，大家都习惯了眼见为实的惯性思维，只相信眼睛看到的、耳朵听到的，所以才会被便佞之言和表象欺骗。对人有益的言语是简单朴实的，它直陈真相，有时听起来会让人不舒服，但只有忠言才能利于行，才是真正滋养心灵成长的养料。如果遇见说真话的人，应该珍惜。在我的世界里，一段关系应该建立在平等的基础上，通过迎合、失去尊严来维持的表面关系，是触碰不到本质的，意义何在？既无主见又缺乏真诚，又如何长久？

"道吾好者是吾贼，道吾恶者是吾师。"在社交中，我们如果想要不断进步成长，就需要听到真实的声音。有人客观公正地指出我们的不足，应该感谢对方，并静下心来审视自己，无论好坏都接纳自己，再完善不足之处。只有这样才会不断超越自己，变成更好的自己。时代在变化，人也要与时俱进才能跟上时代的步伐，否则只会陷在固化的小圈子里无法跳出牢笼。

我前几天去海边玩，晚饭后在沙滩上散步，看着大海里的泡沫在海浪的拍打下消散。我想，都说人言可畏，唾沫会淹死人，到底什么人会被唾沫淹死？大概只有待在封闭的小圈子里停止成长的人才会被淹死，因为那个圈子里是一潭死水，如果跳不出来，就注定会在意周围的声音。而大海宽广包容，当你向大海洒下颜料时，颜料会随着波浪的起伏逐渐消散，像从来没有洒过颜料一样，所以人要不断成长，修炼像大海一样宽广的心胸。想要不断向上升级的人（这里指的是精神超越），为了对自己的生命负责，要迎难而上，突破封闭的小圈层，向着有阳光的方向攀升，不断绽放自己。

上善若水

　　《道德经》曰："上善若水，水善利万物而不争。处众人之所恶，故几于道。" 作为一位资深的茶行者，水对于我来说是生命中最好的榜样。世间万物都需要水的滋润，水却没有高高在上地停留在山巅，而是顺势而为，从雪山上顺流而下，灌溉大地，利于万物又不与万物相争。水的品德如同道，行满万物而不知行，顺应天地自然而不害，无私润泽万物却从不邀功，也不求回报，水的特性是最接近大道法则的。

　　心有大爱的人也像水一样，效仿大道素位而行，对待万物慈爱包容而不争，利于他人而不害。真正行善的人会效法水德，愿意处在众人不愿处的低下位置安之若素，他们相信一切都是最好的安排。只要把人生当作一场修炼，无论在什么地方、什么位置，都可以历练自己的内心，做个对社会有用的人。在生活中，他们也总是呈现出心平气和的状态，让人想要主动靠近。

所以，上善慈爱的人，也是最接近于道的，与他们同行，相当于与道同行，他们的善行总能唤醒人们内在的良知和觉性。

行茶十余年，最近一次泡茶才让我深刻领悟到水与茶的关系。煮茶壶里的水，也像雪山上的水一样，因为茶的需要，水顺着壶嘴而下，浇灌盖碗里的茶叶，再经茶人的手浸泡出温暖的茶汤，滋润人们的心田；茶席上的种种形器与人，在默契无声地相互配合。茶道的精神属性是让人借茶悟道，最终回归自己，归依自己的本心。人入道需要茶，那么茶要入道也需要阶梯，而水就是茶入道的阶梯，没有水的润泽，茶就只是一片干枯的树叶；无水不成茶道。水是茶与道的媒介，茶汤是茶人与道的媒介。对于我来说，水是温柔慈爱的，像母亲一样呵护茶这个孩子，日复一日耐心地去唤醒茶，让茶发挥价值去唤醒人，让爱流动。水与茶在一起时，水像是一位出世间的智者，而茶像是世间的梦中人，等着被唤醒、激活。水是道的象征，当茶在属于它的舞台上呈现自己的美好时，水在背后默默付出，成就茶在人们心中的重要地位。我们喝到的每一杯温润的茶汤，都含有处下不张扬的水的功德。水让我觉悟到，在茶的世界里要甘愿做一个配角，主动退到茶的背后，去呈现一杯茶汤的圆满。

水与茶都能默契地找到自己的位置，履行好自己的职责。

它们彼此有边界、有秩序，为众人默默付出；它们不会越界相争，去表现自己的才能和功劳。所以，茶人想要格物修心悟道，应该从水与茶开始。我们常常舍近求远，习以为常地到远方去寻找和关注无中生有的细枝末节，而忽略最近的和最重要的部分。

仁者无敌

真正仁爱的人，是心怀大爱拥有超强同情心的人，是善良慈悲的人。仁爱的人遇到比自己强的人，会谦卑地向对方学习；遇到比自己弱的人，会尽己所能地帮助对方，无论是物质上还是精神上，都不忍心去伤害他人。仁爱的人待人如水般温和，对善良的人如是滋养，对不善的人也一视同仁，没有分别心。施恩于人不求回报，付出也不是出于功利心，所做的一切都只是出于生而为人的最基本准则，像阳光普照大地一样自然。

仁与人同，作为人，必须具备仁性。太阳每天都按照自己的活动轨迹独立运行，不因浮云遮挡而停滞不前或改变方向，因为它不是刻意为了众生而运行，有没有万物它都如此；我们应该效法阳光和水，一切行为不是为他人而做，而是出于此生的使命，本就应该做好自己该做的事，所做只为呈现自己的本心和磨炼自己的灵魂。如此思维，就不会总陷在二元对立的意识里，分别你我他而斤斤计较。道不同不相为谋，不要试图改变任何人，也不要因外物而改变自己朝着正确方向前进的节奏，尊重各自在不同的轨道上经历磨炼。智者是会看见光明并追光同行的人；愚者看不见光，就只能堕入黑暗，在迷宫中沉沦。

　　只有我们出于良知而心甘情愿去做事，通过行善布施激发自己与生俱来的慈悲心，才能收获行善背后的意义，找到渴求的源头。出于恻隐之心行善，不问将来的成果，只管去做。人这一生，还有什么比找到自己更珍贵的事情？而真实的自己，就藏在只管耕耘的背后，一旦动用心机，就与它渐行渐远了，所得也是有限的。

　　真正的仁者，就像无尽藏，能让接近的人得到滋养。他们就像太阳一样，以自然之光照亮他人，激发他人发挥自己的潜能，活出自信的自己。向仁者学习，与人为善，最重要的是先从改变自己的念头开始。我们要多用心去观察外界，不要只看表面就妄加评判下定论。无论做什么，一个人的初心比形式更重要，也更长久。

　　恒一之光素位而行，朗照万千浮云往来无常。世间万物，如同天上的浮云一般来来往往、聚散无常，遮挡太阳的光芒；而恒常的光，不管外界如何动荡，都始终安守在自己的道路上，一刻不停地前行，并且一视同仁地普照万物。信者给予，不信者也给予，不因浮云来去遮挡而心生埋怨，也不执着于晴空无云时的状态，不留恋、不执着，只是如是行、如是观。我们应该效法这恒常的光，不畏浮云遮望眼，朝着光明的方向前行不辍。

静水流深

在我看来，水是智慧的象征。水能应时而动、顺势而为，冬天时结冰，夏天时涨溢，它的行动总是不失天时。水没有主观意识，不会刻意违背规律，总是在自然无为中滋养万物。我们大部分人的行动有时是不符合规律的，在该动时不动，不该动时乱动。我们应该像水一样，调频好自己的状态顺势而为，这样自然知道什么时候该行动、什么时候该停止。

回归初心，做好自己，时机不到就静下心来耐心耕耘当下，像水一样静静地流淌，不轻举妄动。静，不是不动，静是一种酝酿，是蓄势待发的状态；动，则是符合规律，顺势而为的行动。有道的人做事有主见，不会随波逐流，当大环境与局势动荡时，自己就静下来与天地感应，聆听内在的声音，根据感受到的外界无形的势，来决定自己的进退。有道的人就像水一样，不管什么时候、行到哪里，做什么都是符合时机的，不会随动荡的外界一起动荡，使自己迷失方向，把自己搞得身心不安。外在越动，内心越要静定，始终保持清醒，静待时机。如果时机不对，无论怎么努力，哪怕撞得头破血流，可能也只是瞎忙一场，到头来得不偿失。

有一次我在山上跟师父聊天，她举了一个形象的例子："当时机不对时，人追着钱跑，摔得头破血流也追不到；当时机对了，钱追着人跑，就轻松了。"时机很重要，在时机不对时，我们就静下来不断学习，修养内在，机会是留给有准备的人的。其实，所谓的好运，都是自己努力的成果，不劳而获不会长久。天上不会掉馅饼，即使掉下来，我们用什么去接呢？所以，当时机和环境与自己的能力、条件都不匹配时，就选择暂时隐退，静静地努力，等未来时机成熟时，再稳步前进。当外部条件不好，但自身有实力且适合出动时，也可以按着适合自己的方式稳稳地前行。

总之，要时刻保持清醒的觉知，根据形势果断做出取舍。当捷径人上满为患时，慢下来，别着急前行，择一条人少清静的道路散散步、欣赏一下平时忽略的美景，说不定就能走出属于自己的道路。

事以密成

《韩非子·说难》曰："夫事以密成，语以泄败。"当心中有了目标和志向，不要大肆宣扬，安静踏实地朝着目标稳步前行就好。在快节奏的当下，大部分人没有时间和精力静下来深度学习和思考，也没有多少人愿意花时间用心耕耘。只有静极，才能生慧，没有安静下来行深的精神，就不可能生发出属于自己的智慧和对事物独有的认知。那些想要快速从做的事情中赢利，又没有新颖和深度思想以及扎实技术的人，只能走捷径模仿他人。但是一时在形式上模仿他人的人，无法持续创新。还有一个问题是，适合他人的方式不一定适合自己。没有根的东西是容易枯竭的，光停留在表面、不走心，就容易被外界取代。所以要静下来找到自己的独有价值，并坚定自己的风格和方向，这样才能长久。

当下浮于表面的事物已经无法治愈和满足人们的心灵需求

了，它们不仅治愈不了人，也不能让人获得改变和能量的滋养。没有借由手中的事向内探索，其实就是在浪费自己宝贵的时间。大部分人挣钱的目的都是生活过得更好、更幸福，但是没有找到自己，就不可能享受到真正的幸福，那种由物质带给人的快乐是短暂的，只有找到了自己，才能体会到真正的富足喜乐，从长远的角度来说，做的事情也才更有意义。

做每一行都需要行深的精神，用心往深处扎根，在他人看不见的地方下狠功夫，坚定自己的选择并耐住寂寞与诱惑，不被世俗观念裹挟，最终才能有真实的收获，无论是精神上的还是物质上的。做事情下功夫来不得半点虚假，我们当下所做的一切都不是给别人看的，作秀不会长久。没有投入时间用心去播种耕耘，就不会有坚实的根基，外界稍有变动就会被连根拔起。只有发自内心地热爱和专注，如实地呈现本心，并通过手中的事与内在圆满的初心连接，所做的一切事情都是为了呈现真实的自己、使自己变得更圆满，做出来的事才是滋养自己与他人的，也是独一无二的。就像生活一样，真正的生活是真实生命的自然流露，一切形式都已经融入了生命当中，不需要向外界刻意展示。无论是成就一番事业还是经营生活，抑或是一段关系的建立，没了新鲜感之后的过程是漫长且艰辛的。需要耐得住寂寞，在寂静中酝酿、精进技术，生发智慧，保持初心，用心耕耘。

相信有人有过这样的经历：为了同心协力把事情做好，于是把行事的部分计划跟同伴分享，结果同伴捡了一点芝麻就觉得已经获得了所有宝藏，在不自知、不知他、不知市场环境以及专业技能不娴熟的情况下，就急着开始单打独斗了。有的人是经不起利益考验的，不过所有关系也只有在做事情时才能看清本质，错误的人和关系早一点结束是好的。如果交往得更深了，牵涉的事情更大了再停止，麻烦也更大了。当遇到这样的事时，我们心中仍要感恩，因为人是一切的基础，人不对了，事情一定做不好，发现了就要及时止损，也许在当下看来损失惨重，但从长远来看，却是有益的，得失不仅在一念之间，还要把时间因素考虑进去。所以很多人看不懂，他们觉得明明是很好的机遇，有的人怎么会选择放弃呢？因为这些人只相信自己的内心，只听从内心的指引。

对我来说，没有比道和自由更重要的了，只要人在道中行走，未来正确的人和事就一定会出现。我深知有些事不是我能主宰的，我唯一能做的就是调整好自己，用心做好当下该做的事情，流水不争先。修行的志向也是如此，如果立志了就要坚定，每日坚持不懈地进步；如果功夫增进了，不可张扬，炫耀会招来旁人的嫉妒，从而出现各种障碍阻止前进。即使内心能够做到强大坚定，也要低调行事，这样才能顺其自然地朝着既定的方向持续前行。

　　曾经听到过一句话："低频的人沉迷在是非中消耗自己，而高频的人是能量之间的纠缠。"所以要藏拙韬光，这样别人就不会来干扰无形的能量。这也是我个人修行的经验以及与好友交流总结出的心得体会。

明心见性，如实观照

曾有人问："观与看的区别是什么？"观与看，就像觉与悟一样，一个是向外，一个是向内；一个看得浅，停留在表象，一个看得深，能洞见本质。"观"是用心内观，需要静下来向内探索生命的本质，与内在高维的自己连接。内观，是为了明心见性、找到真我，明心才能如实照见生命的真相，观得越静越深，照得就越清明。"看"是用肉眼去向外打探这个有色的世界，但肉眼能看见的很有限。本质的东西是用肉眼看不到的，只能用本心才能看见。

在快节奏的当下，外在的形式千姿百态，只用感官去认识事物，终其一生也很难找到生命的实相，既然如此，为何不反其道而行之，试着向内求去探索真理呢？道生万物，万物内在的规律是一样的，始终恒一不变。通过修炼自己向内观照，将自己的行为暗合大道，便能见微知著、一叶知秋。世界是内心的投影，如果不修养自身，却想要改变别人，很难做到。只有从自我修养开始，让自己的心复归清净，才能如实观照万物的本质和规律，再一以贯之，推己及人、及万物。真理是简单平常的，想要了解世界，先要了解自己；同样，想要了解他人，还是要先了解自己；想知道对方是什么人、是否有修养，自己得有修养。如果想了解自己的修养如何，那就回到人际关系和事情当中去检验，比如看看自己是否还会轻易动怒，是否站在对方的立场上思考问题，是否理解对方当下的处境并包容对方，是否还会忍不住炫耀自己的长处揭人短处，等等。总之，"己所不欲，勿施于人"，我们希望他人如何对待自己，自己就要以同样的方式去对待他人。

当与人发生矛盾时，可以问问自己，如果我是他，我会怎么做？这样就会多一份包容和理解，因为每个人所处的环境和认知不同，不必认同对方，但可以和而不同。其实当下遇到的许多问题从长远来看，有时是别人在帮我们，只是我们当下的认知让我们看不了那么长远。物以类聚，人以群分，不同时期身边的朋友和恋人，也可以反映出当下自己的变化和状态，比如年轻时的品位和审美跟历经沧桑后的品位和审美一定是不一样的。除此之外，孩子的状态也可以反映出我们的身心是否和谐健康，能够与孩子和谐相处的人，也是接纳真实的自己且热爱生活的人。

生命有限知无涯。没有借由经历的人和事去发现事物的规律和本质，就不可能得到真知，反而容易被意识假我控制自己做出误判，迷失在各种表象之中。千人有千面，但内在真我不二，修一颗清净心并保持明净，不断返观内照与真我合一，通过体悟自己的生命来参悟大道运行的规律，我们便能实现在纷繁芜杂的万物表象中观照事物的本质。大道至简至深，只要心灵保持纯真宁静，天下万物都可以用以此观彼的方法推演出其中的真理，以此一时的行为观彼一时的结果。每个人都是道体，明心见性如实观照，减少生命力的消耗，顺着道的规律以生命观照生命便能把握生命。守住核心，一以贯之。

返璞归真

　　传统的道家思想根据人的道德修养，把人分为五类：庶人、贤人、圣人、至人、真人。真人，是达到道德修为最高层次的人，所以大多数修行好的人不管多大年龄，看起来都像孩子一样，心思单纯，身体健康，健步如飞，眼神特别清澈明亮，他们的眼睛能照见曾经和当下的自己。

　　其实真正通透成熟的人是简单的，因为已经经历过复杂，也知道了复杂的辛苦，所以会让自己保持简单，不再随意消耗自己，会尽量把复杂的人和事都简单化，也会尽量屏蔽复杂的环境以及人和事。刚踏入社会涉世未深的年轻人，如果没有正确的指引，反而容易向复杂转化，其实这很正常，也是每个人的必经之路。只是，幸运的人会快速认清真相并跳脱出来，继续保持真实的自己。这样做的好处是，不会伤害自己智慧的天性和创造幸福与爱的能力，只要经历了重重障碍并始终保持爱与慈悲心，从经历中总结出有益的经验，就会使自己越来越强大、有智慧。

传统的道家思想对于成功的定义是历尽千帆后的返璞归真，是看清了生活本质后依然热爱生活，即使经历了繁华与虚伪，却依然有回归生活的本真与纯粹的能力，知世故而不世故。明知做好人不一定会得到好的回报，却还是要做个好人，因为生而为人本该如此，一切只为对得起自己的良心。

我前几天看了一篇文章，讲了关于修行是否得法的一些指标，其中有：身体是否健康，看起来是否年轻有活力，能量是否饱满，情绪是否稳定平和，等等。这些指标有一定的道理。真正修行的人，是把自己的身体作为修道的工具，以符合道的规律来修养自身，所以正能量充沛强大。修行的人在精神层面会比较平和，身体层面少疾病。除此之外，修行的人还会改掉之前由于无知而养成的坏习惯，会常存善念并习惯行善，由于心念与行为的转变，常常转祸为福。只要踏踏实实坚持每天修行，慢慢就会体悟到诸多身心变化带来的有益成果。

人就是这样，只要尝到了甜头，就会为了保持良好的状态而主动调整自己的行为，这就是良性循环。所以，如果想要改掉一个坏习惯，就要培养一个好习惯来替代坏习惯，这是比较可行的方法。当自己身心变好了，生活也会变得更有品质，生命层次也

会升华，心量也会更加宽广包容，也不会那么情绪化；即使有
情绪，也能觉知并及时调整。但同时要面临一个问题：当下的
自己与过去的圈层也许会格格不入。这并不是说要封闭自己，
而是在修行的初期还没有太多定力时，要尽量减少跟原来圈层
的朋友接触，但大家在一起时依然可以和而不同地和谐共处。
其实朋友们也会感觉到我们的变化，慢慢也会自动疏离，因为
彼此的爱好与话题已经不同了。可能会听到一些关于自己的是
非，这时要听而不闻，坚定自己正确的方向。这也是成长与蜕
变的路上要付出的代价，选择了一条有意义的路，就要坚定前行。
任何时候都是如此，谁痛苦谁改变，不能改变环境就改变自己
的心态和生活方式。我们当下的许多焦虑与痛苦都是不良的生
活方式与生活态度造成的，只要改变了生活方式和心态，一切都
会顺起来，虽然短期可能看不出成效，甚至是痛苦的，但仍要
坚持不懈。当我们的修行之路顺畅之后，如果有缘分就去用自
己修好的行为与平和的状态，顺其自然地影响大家，一起变得
越来越美好。过程是孤独且艰难的，但果实是丰硕甜美的。

　　天地之间，一真而已，返回本源，持守本真。修行就是修
掉后天多余的虚伪与浮华，放下分别心，回归先天真善美的赤
子之心。让一切都变回简单，循着自然的规律行事，生活也会
回归平静祥和。

认识自己

认识自己，是苏格拉底的主要哲学思想。他认为，人生最大的智慧就是认识自己，只有认识了自己，人们才能过上真正美好的生活。认识自己不是件容易的事，但只有正确认识自己，才能正确认识他人和世界，才知道如何爱自己，才知道如何用爱自己的方式去爱他人。

先从最浅层的身体层面认识自己。我们要了解：吃什么喝什么会更健康，什么运动适合自己，什么时候休息精气神会更饱满，做什么事、见什么人可以让我们快速恢复清明和放松的状态，什么行为、什么人会使自己能量低弱、变得昏聩，等等。这些都是需要我们用心去体察的，应聆听自己的心声，并跟随它。自己的心声是对自己生命最大的保护。自己的心声都不相信，反而去倾听他人的声音，这不是明智的行为。只要自己的状态是清明的，就要相信直觉，该拒绝的要果断拒绝，该坚持的就勇往直前。从精神层面来说，每天需要省察自己的思想和行为，看看哪里有做得不明智的地方，发现了就及时朝着正念和好的行为转化，最终达到知行合一。

认识自己是一个庞大的工程，需要花大量的时间，静下来从身到心坦诚面对自己，一层一层地剖析自己、了解自己。我们只有对生命进行深入的思考，才能知道到底怎样活才有意义，才能知道如何用适合自己的方式去养护自己的生命，才能以重视自己生命的心去处理与他人的关系。西方哲人爱比克泰德曾说："人不是被事物本身困扰，而是被他们关于事物的意见困扰。"我们的信念与身心健康息息相关，如果改变了对外界的认知，我们的情绪和身心状态就会改变。

认识了自己，才能把事情做好。一个珍爱自己的生命、把自己的生活照顾得很好的人，在做事时会以爱自己的心去认真对待事情并做到极致，做事的初心不是为了得到回报，更不是为了外在的虚荣，只是尽一份生而为人的责任。他们会把过程做好，把结果看成水到渠成的事。他们会拒绝任何伤害自己身体的人和事，不会因为外在的荣辱得失而丢失恬淡平和的心境和健康的生活。相反，一个我执心太重、功利心太强又善于表现和邀功的人，一旦有了表现的机会，就容易去破坏事情发展的规律，把宝贵的精力花在错误的地方。一个不爱惜自己精力和能量的人，当然也就很难把事情做好。事情是人做出来的，任何时候人才是关键。

　　眼里只有利益的人，不能称为一个明白人。他们不知道的是，一个人没有良好的德行，是无法得到他人发自心底的尊重的，高贵不是通过外在的财富来体现的，而是自身品德修养由内而外的自然呈现。高贵是举手投足间自然彰显的优雅贵气，贵气的人是放下自己、柔和有力量的人，是由内而外散发出强大道德能量的人。这样的人朴实无华、自然纯真，以爱己之心推己及人、及事，自然无往不利。

接纳不完美的自己

"致良知"是王阳明心学的核心思想，他认为："无善无恶心之体，有善有恶意之动，知善知恶是良知，为善去恶是格物。"在我看来，"无善无恶心之体"是指万物一体的清净心，是纯净圆满的状态；"有善有恶意之动"是指人被物欲污染后生出的是非善恶的分别心；"知善知恶是良知"是指保持初心的人的觉悟，是人与生俱来的直觉力，能照见一切本质，能分辨是非善恶；"为善去恶是格物"是指修行人和初心人的定力与智慧，懂得取舍并断恶修善。

人有了意识，就会惯性地根据自己的经验和认知对外界进行分别，但没有初心照见，仅靠意识和眼睛，很难分辨真伪，容易被外界的表象所迷惑，从而做出错误的行为。有句话说得很好，我们所看见的，是别人想让我们看见的。事物真实的部分往往被深深地隐藏了起来，没有灵敏的觉知力，我们就容易被表象欺骗。而那些清明的人内心光明，可以快速做出正确的判断，因为他们用直觉去感知和照见表象背后看不见的重要部分，所以可以逢凶化吉或者趋吉避凶。

良知就是我们说的良心，我们可以戴上面具与人交往，却没有办法对自己的良知撒谎。我们的起心动念和言谈举止全都在它的监视之下，它清楚地记录着我们一生中的一切事情，每当夜深人静或独处时，它就会出现与我们会面。当面对它时，我们是心安还是愧疚？我们该如何回应它呢？我们是直面它，还是逃避它呢？逃避是容易的，但并不能从根源上解决自我与内在分裂的问题，逃避它一天，就是在自我惩罚一天，问题并不会因为逃避或时间的流逝而消失。无法面对自己的良心，人就会心虚，心虚就没有真正的力量去面对世界和现实中的重担。我们无法对自己坦诚，就不可能对他人坦诚，带来的结果就是，我们也会被他人所欺骗。只有直面内心，坦诚面对自己，忏悔反省自己的过失，修正自己的错误行为，朝着良善的道路前行，才能无畏地面对世界，从而获得生命的力量。世界是内心的投影，只有将内心的镜子擦得干净透亮，大胆地让光照进内心，无论对错都如实地接纳自己，才能清晰地照见世界的真相。身边一切关系终将远离，唯有良心永远与我们为伴，越早走进内心，与内心和解，身心合一地活在当下，就能越早感受到生命的轻盈和美好。

在生活中，我们应该断除什么才能身心轻松地活着呢？我想，最应该断除的就是过度的欲望吧。断除欲望不是让人无欲无求，而是少欲和知足。幸福不是欲望的满足，是拥有一颗知足的心。过去，人们的物质生活并不丰富，但内心却非常安宁。现在物质生活已经很丰富了，可人们真的比从前更幸福吗？一个人幸福快乐与否，并不在于拥有多少，而是能清楚衡量自己的能力和条件，在有限的条件下，去创造属于自己的最美好的生活。所以，想要幸福，就要远离欲望。少欲就不会整天思虑钻营，自然也不会做损人利己的事，心里没有负担和愧疚感，敢于直面内心，自然就会活得轻松快乐。

当把生命中过度的欲望和错误的知见断除了之后，我们就需要增加对生命有益的养料来增长智慧和福德，这样才能避免总是深陷在痛苦与烦恼中。我们需要多学习，找到适合自己根性的法宝并坚定不移地修持，从而获得智慧的力量以改变现状。当有了智慧后，我们还要广行善事，行善可以为我们增加福德，减少做事时的违缘和障碍。多行善断恶，心灵会逐渐恢复明净。

《庄子·内篇·应帝王》曰："至人之用心若镜，不将不迎，应而不藏，故能胜物而不伤。"拥有智慧的人，其心灵就像一面明镜，无所挂碍，可以毫无偏差地照见外界事物的本质，照万物又不被万物所迷。他们对外物的来去顺其自然，不会被情绪和欲望以及外界的诱惑所干扰，心始终如如不动；不会让任何事物停留在心上，心中始终空空如也；不会刻意去迎合或者拒绝人事因缘，将个人的情感和欲望寄托在他人身上，不因他人的承诺或期望而动摇自己，始终不违初心。他们以一种平和自然的心态来面对外界和生活中的境遇，不管外界是怎样的声音，都按照自然发展的规律，去做好该做的事，对一切结果没有期待，相信时机成熟了，终将会结出成熟的善果。

真理是离言的，是完整的，很多时候无法用不够圆满的语言去表达完，只有通过静心内观，并且坚定地相信内在声音的指引，始终不被外界左右，才能悟得。如何分辨自己听见的是心声还是欲望的声音呢？先看自己当下的状态是否冷静，如果心灵是平静的，听见的就是心声；如果当下浮躁有情绪，听见的就是欲望的声音。

同声相应，同气相求

多年前跟师父一起喝茶，我感叹自己修行路上没有走弯路，感恩自己的幸运。师父当时说："好人就会遇到好人。"此话听起来朴实又简单，但细品起来又深藏智慧。的确如此，追求什么，什么就追求你；想成为什么样的人，就常和什么样的人待在一起。比如爱好打麻将，就和会打麻将的人在一起；想拥有智慧，就和很有智慧的人在一起；喜欢修道，就跟志同道合的人一起喝茶论道。

我们是什么品性的人，就会吸引什么样的朋友。大多数关系都是如此，伴侣、朋友就像自己的一面镜子。西方有句谚语："告诉我谁是你的朋友，我就知道你是怎样的人。"同声相应，同气相求，一切全是自己的造化。道不同，不相为谋；圈不同，不必强容。很多人都想向上社交，积极向上的心是正确的，但前提是要修养好自己，要有足够的能力，才能结交比自己更优秀的朋友。高阶的圈层，并不是常人想混就能混进去的。即使混进去了，如果我们的认知、能力和修养水平不够，进入高阶的圈层后自己也不会舒服。人只有在与自己同频的圈子里才会感到自在。不过，大部分感到自在的，也是容易让人停止成长的。想得就必定要先失，舍掉无意义的社交，不断提升自己的能力和品德修养，使自己能够与高阶的圈层匹配。不同的圈层，带来的成长和收获肯定是不同的。

修道的人，自然是顺道而为，与道同行；道是清静无为的，只有清静无为的人，才能与道默契感应，所以要调频好自己，回到初心，才有可能得道。道是求不来的，就跟智慧不是学来的一样，无法自欺欺人，只能用行动主动与道相合，它是不会主动来找你的，更不会将就任何背道而驰的人。只有努力修养好自己，让自己的一切行为合乎天道规律，才能遇见美好。

不同的圈层带给个人的可持续发展力量也是不同的，这就看每个人内心的需求是什么，想清楚了就为之而努力。不过，德行永远是第一位的。德本才末，人笨一点都没有关系，最怕不厚道的"聪明人"，一旦得到自己想要的，就过河拆桥，不知感恩。试问，有谁愿意和这样的人做朋友或者合作呢？物以类聚，人以群分。如果一群志同道合的人在一起，做有益于他人的事，同时还在不断提升自己的道德修养，那么未来的路只会越来越有福德和智慧；如果一群只知吃喝玩乐的人，彼此在一起各取所需，除了身心受损之外，所得之物和关系也不会长久。厚德，才能致远。

我曾在书上看到过一句话："如果我们想要理解圣人，请先活成圣人。"想和什么人在一起，就应该去靠近这样的人并向对方学习。没有不劳而获的事情，所有的美好都需要自己辛勤耕耘，从当下一点一滴去改变。

如何管理好情绪

不要追求快乐，快乐的另一面是悲伤；要修习平静，生命的底色是孤独，要享受孤独。

快乐与悲伤是情绪的两面，都是通过向外求而得到的；而平静是向内求，在平静中生发智慧的力量，主宰自己，不被外界影响。人们大多喜欢追逐快乐，厌弃孤独与悲伤，并且希望快乐越持久越好，对令自己快乐的一切都想掌控，这其实是痛苦的根源。世界和我们的身体每时每刻都在发生变化，情绪也会随着身体的变化而变化。连自己的身体和情绪都无法掌控，又如何去掌控外在呢？这是不是妄想？如果真想外在不变，前提也要自己先保持稳定，才能影响变动的外在世界。

对于这一点，《道德经》曰："故飘风不终朝，骤雨不终日，孰为此者？天地。天地尚不能久，而况于人乎？"我们可以把狂风骤雨理解为天地的情绪、天地发怒时的状态。迅疾暴戾的风雨来势汹汹，但维持不了多久就会停止，天地之间又会恢复一派清明的气象，就如同人的暴脾气上头时一样，这种状态不是生命的常态，过了那一阵就好了，这是自然现象。人食五谷杂粮，不可能没有情绪，但我们可以把握好一个度。"喜怒哀乐之未发，谓之中；发而皆中节，谓之和。"在生活中，我们难免会被各种环境人事所羁绊，生起喜怒哀乐等情绪，但只要我们有觉察并及时转念，它们很快就会消散。千万不要让自己被情绪所控制，失控做出错误的行为。当情绪上头时，我们可以找个地方静静待一会儿，有条件的就打个坐、喝个茶，情绪很快就会平复下来。当然，快乐的情绪是可以分享的，要有觉知，知道一切只是短暂的，终将会过去，很快就会恢复生活本有的平常，平常的才是持久的。快乐就像平淡生活中的甜品与鲜花，是奖励自己的礼物，即使没有也不影响自己正常的生活和自心生发的喜乐。

所有正常的情绪，只要把握好度，都是自然的，可一旦过分了，势必会影响我们与他人的互动。在为人处世中要懂得适可而止，不要过度消耗彼此，这样做的话，我们的事业、生活与人际关系也会更舒适长久。另外，还要谨言慎行，语言是一把锋利的剑，伤人最深的话都是在情绪上头时说出的。狂风暴雨也好，岁月静好也罢，都是生命的一部分，可以尽情体验，但不要深陷其中。训练自己觉察并转念的能力，只是静静地看着自己一切情绪的生起，不要做出任何行为，很快情绪就会变得弱小，逐渐消散。我们的觉，会帮助我们调和身心的平衡，帮助我们建立一套全新的思维系统，一套积极向上的、可以转化负能量的系统，使我们成为可以掌控自己生命的主人。重建了新的生命系统，当情绪生起时，我们会及时出离，像一个旁观者一样看着自己，从所有的情绪中磨炼忍耐、平静、慈悲、包容等能力，而不被情绪影响。这种感觉就像在静坐时，经络不通畅，双腿就会出现酸麻胀痛的感觉，很大一部分原因可能是缺乏运动导致的。在身体可控的范围内，让自己多坚持一会儿，不要马上做出下坐的行为，等到内在气脉运行起来，疏通了卡顿的地方，就能体会到雨过天晴后的爽朗。所有的情绪波动都是暂时的，就像轻风掠过平静的湖面泛起的涟漪，等风过了，湖面就会恢复原有的平静。

　　每当雨过天晴，我都习惯在公园或者小区里走走，每次看见被雨水打过的花坚强地伫立在细细的枝条上时，我就特别感动，它们是怎么撑过来的？刮风下雨时我们还有房屋、衣服遮挡，而它们却勇敢无畏地拥抱风雨。花草的一生都是如此，人的一生怎能希冀一直风和日丽？不管遇到任何境遇，都要坚韧地面对并保护好自己，做好自己每个当下应该做的，静待它过去。我们要以平静心去经历、去向上成长。

四　知行合一

关于吃的学问

　　民以食为天，饮食是健康生活的基石。当下是一个在各方面做加法的时代，饮食的选择也比从前丰富了许多，种类虽然丰富了，有些饮食的营养却不一定充足，这就导致一些消化能力不好的人，从食物中吸收的营养，不够补充身体消化食物时所消耗的能量。比如有些食物，我们吃着吃着会感觉身体越变越冷，这就是食物在体内消耗我们的能量，而好的食物吃进去会快速转化成我们身体需要的能量。有的食物吃进身体，我们当时感觉像是饱了，但过不了多久就又饿了，这其实是我们的欲望在吃的那个当下得到了满足，但身体依然是饥饿的。因为我们吃的食物不是身体真正需要的，而是我们的欲望想要的。这种食物吃多了，会加重身体内的痰湿或者燥火，影响气脉通畅和身体的洁净。欲望总是喜欢浓烈刺激的食物，而身体却热爱清淡健康的食物，所以想要保持身体健康，就要有选择地进食。

　　某天我在独自散步时忽然想到，为什么牛羊只吃草，却活得非常健壮呢？这也许是因为它们顺时而食吧。青草得到阳光雨露的滋养，饱含浓厚的天地精气。我们想要健康的身体，也应该顺时而食，吃当季的蔬菜瓜果，顺应四时的变化来调整饮食起居。日常的饮食也应该尽量清淡，如果口味吃得太重，舌头就会慢慢变得麻木，很难再品味出食材的真味了，越品不出食材的真味，口味就变得越重，陷入恶性循环之中。其实，口味重是身体阴阳失衡的表现之一。身体和心灵是相互影响的，要想心灵健康快乐，最简单的方式就是改变饮食习惯，再一层层往里走，净化自己；如果饮食作息不改变，硬生生地去压抑情绪是不可取的。在改变饮食习惯的过程中，要注意减少肉食，这并不是鼓励完全吃素食，我们在家时可以尽量选择吃得素净一些，让身体休息排毒，排毒后才能更好地吸收营养。

　　我偶尔也会吃肉，因为有家人在，不可能做到完全吃素食。我会根据自己身体的需求来调整日常的饮食，比如冬季身体需要进补时，基本上一周左右我会炖一次肉汤，炒菜时也会放一点肉做配料用，但以素菜为主。饮食清淡还有一个好处，让我在打坐时气脉不那么堵，身体上酸麻胀痛的感觉减轻了不少，身体也变得更轻盈有活力。自从开始修行之后，为了保持好的身心状态，我的饮食都相对清淡简单，也很少在外面吃东西了，这已经成为我的生活习惯。坚持下来后，我最明显的变化是，内心变得更平和了，非常享受独处的快乐。人就是这样，当身心受益后就想一直坚持下去。我经常说，做一件事，一旦尝到了甜头，就不太会轻易放弃了。只要是让身心受益的事情就值得坚持，反之，要及时止损，不能内耗自己宝贵的精力。生活还是要回归简单、回到本质。

怎样喝茶更健康

茶与人同，具有物质与精神的双重属性。茶的物质属性可以满足人们的生理需求，能起到清热解毒、提神醒脑、抗氧化等诸多有益的作用，但前提是要对喝的茶品以及自己的身体足够了解，根据身体当下的情况来选择合适的茶叶，这样我们的身心就会因为茶的平衡而变得更加健康。

茶，并不是越贵越好，有机且适合自己的才是最好的。比如，一个体质偏寒、肠胃不好的人，不适合饮用早春上市的绿茶，它会加重身体的寒湿，不利于身体的阳气在春季生发。这就像浇水过多的植物，被困在湿土中，不能轻盈地向上舒展自己一样。喝茶要以人为本，在了解自己的体质后，还要对自己选择的茶的属性有所了解，这样才知道什么时候该喝什么茶。不能什么茶都喝，否则身体会越喝越差。陆羽的《茶经》中记载："茶之为用，味至寒，为饮，最宜精行俭德之人。"李时珍的《本草纲目》中说:"茶苦而寒,阴中之阴,沉也,降也,最能降火。火为百病,火降则上清矣。"这些说的都是绿茶的茶性,绿茶偏寒凉,如果上火、体内有热,可以饮用绿茶来降火解毒。每天少量喝一点好茶,能起到上工治未病的作用,防病于未然。下午或者晚上就不太适合喝绿茶了,下午天地之间的阴气开始上升,再喝阴寒的茶汤进入身体,就容易导致晚上失眠,还会积聚寒湿在体内。

在以人为本的基础之上,要想根据四季的阴阳交替、寒暑变易选择相对应的茶品来调节身体的平衡,就需要我们对自己的身体和外界天气有觉知,从身体和气温的细微变化中去选择和当下匹配的茶类。并不是拿什么就喝什么,也不可因偏爱就一年四季都喝同一类茶。六大茶类中,不同发酵程度的茶所蕴含的内涵物质对身体的功效是不同的,所以要看茶喝茶。把茶喝对了,就能平衡人体内五脏六腑的运化,调节人体的阴阳平衡,人就不容易生病了。常年喝茶的人,如果再加上清淡饮食,身体会比较通透,觉知力也会恢复灵敏。带着敏锐的觉知去生活,才能做出正确的取舍。当身心有了连接,身体就能告诉你该喝什么茶了,这时听从身体的指引选择茶品,就容易获得身心平衡。同一个人在不同的年龄段,会出现不同的身体状况,应该根据当下的需求随时做调整;不同体质和不同年龄段的人,对茶品的选择也是不同的。所以，在茶席上，真正的人文关怀体现在灵活变通上，应根据在座饮茶人的身体状况和年龄段来做调整，以保证大家喝到适口又有温度的茶汤，感受到饮茶的美好和关怀。

我们在跟老年人喝茶时，要考虑到对方的脾胃功能比较弱，选择健康的黑茶或者熟普等温和的茶类，淡淡的红茶或者单丛也是可以的。小孩也可以适量饮用清淡的茶汤，以补充维生素，缓解积食。所以，并不是很多人所说的，小孩不能喝茶。凡事都不能走极端，中庸最好，也不要道听途说，更要打破自己固有的认知。

那么，茶的精神属性是什么呢？茶道精神是茶的灵魂，就像人的精神世界是肉体的主宰一样，没有了这个核心，人们就容易把茶当作寻常解渴的饮料来看待。茶道礼仪可以让我们通过饮茶、泡茶净化心灵，在泡茶的过程中，慢慢恢复原本敏锐的觉知，并带着觉知去发现周围的美好事物，用更清明的思维去洞见事物表象背后的本质。茶道精神也会让我们变得更加热爱自己和生活，让我们的性情更平和。借由茶道修持下去，我们周围的气场和环境会发生变化与更替，在与自我、与他人、与自然相处时，我们能带着一颗有爱的慈悲心和谐共处。其实，还有太多茶道带来的美好改变，需要读者自己去实践、去体会。

健康的几个维度

　　我们都希望拥有一个健康的身体，也会通过各种渠道寻找对身体有益的养生方式，其实修行的意义，就是为了养生。养生，不只是养护这个身体，还有我们肉眼看不见的内在生命系统。养生之前，最重要的应该是修身，就像一部使用过的汽车，在养护之前应该开到4S店去先检查、再修理，把车辆有问题的地方从里到外检修清理一遍，然后才到保养维护的阶段。身体也是一样的，如果身体内外都是问题，在这种情况下养生，反而伤身。所以，在养生进补之前，先检查身体哪里出了问题，先排毒，把体内的垃圾清空，才能汲取大自然和食物的能量和营养，然后补漏、修复，再养护，这样身体就可以在健康的模式下良性运转。

　　人比车复杂得多，除了身体层面的修身养性外，还有精神层面的养护。要做到真正的养生不容易，要下一番功夫。认识自己需要时间，做出改变需要决心和毅力，最后才能收获健康的身心。上工治未病，身体层面的养生要在没有疾病时就先做好保养维护，比如顺时而食、食不过饱，穿衣服不要露肚脐、袜子要遮住脚踝、风大时要戴个围巾、身体要注意保暖、早睡早起、适度运动和劳作等等。只要日常生活中我们注意好了这些细节，保持灵敏的觉知，不要过度地添加身体不需要的东西，减少熬夜和过度的消耗，身体就不会有太大的问题。

　　除了身体层面的养生之外，精神层面的养生更精微，我们需要通过心灵层面的修行来完成这个维度的功课。践行的方法有很多，比如冥想，把自己归还于自然之中，精神从物质世界的枷锁中挣脱出来，成为外物之主，逍遥自在地驰骋于六合内外，回归天人合一的状态，就像我们刚出生时那样；经典诵读可以净化意识磁场，清除心灵的烦恼尘垢，修正错误的观念，拓宽看待问题的角度，提升生命的维度；素食，清除身体的毒素，让我们恢复轻盈柔和的状态，培养慈悲心；行善，培养无我的大爱之心。当我们的心量无限拓宽、升高，我们当下的烦恼、焦虑等一切苦难就缩小了。宽广的心灵，可以融化焦虑，使我们恢复原有的平静。就像坐在飞机上俯瞰我们居住的房子一样，我们用俯视的视角来观察生活和自己，我们就是我们自己和生活的旁观者，这样我们就拥有了超脱的精神，也能清楚地洞悉全局，事情会快速从心里滑过，哪怕外界的情况并没有好转，但是我们的心不会再为此而感到痛苦。只要我们的内心对外物没有执着，只是抱着使用的心态，我们就能真正成为外物的主人。把生活中出现的所有违缘，都当成是自己成长的契机，内心就圆满了。这时，生命对于自己来说，就是礼物。生命圆满了，无论外界是风雨还是彩虹，都是别样的风景。修行的重点是生命的觉悟，觉悟后做出更好的改变。修正过去错误的认知和行为，再带着觉知行好每一个当下，生命自然而然会开出美丽的花，结出智慧的果。

我们无法改变出生的环境，但可以通过修行改变自己，改变不良习气，从问题的根源去解决问题，再重新建立一套符合自然及生命规律和社会法则的系统，循着自然规律自我运化，与天地万物同气相求。这样我们就会活得有趣、有深度、有质感，也许生活的重担依然繁重，但心灵是自由超脱的，不会被任何境遇困住。就像《瓦尔登湖》里说的一样："人只要心智健全，又生活在大自然里，就不会为任何事物感到忧伤。在健康而纯洁的耳朵听来，风暴无非是美妙的音乐，没有任何东西能迫使淳朴而勇敢的人陷入庸俗的悲哀。只要把四季当作朋友，我相信没有任何事情能让生活成为我的负担。"先把自己调频到一个符合自然的状态下，任其自然地生长，长成它希望的样子。

我们经常祝福别人好运，也希望自己能与好运相伴。然而，"好运"两个字中最重要的是"运"字，意思是好好运化我们的气场、气血、气色，才会好运连连。心念一变，运势就跟着变了，所以要修行善护念，知行合一。

静坐的力量

生命健康依赖充溢的精神能量，少消耗自然就会能量充沛。生命能量会随着身体气血的旺衰而盈亏，而气血的盈亏又是由我们思虑的多少和身体的消耗来决定的。所以，安身可以立命，少私寡欲可以养神。欲望少了，人就会谦卑平和，再加上饮食清淡、坚持强身健体，身心内外就会和谐健康。

身心是一个整体，会相互影响。从养生的角度来说，我们应该如何修炼到谷神长存呢？最简易的方法就是每日静坐止观。在静坐中，去寻找那玄关一窍的位置，通过谷神的推动打通内外连接的通道，让身体的阴阳互动连接、合二为一、循环运行，修复身心。刚开始静坐时，建议采用单盘。方法是将左脚放在右腿上，或者将右脚放在左腿上，背脊要直立向上，身正心才会正，心正才能使意念正，意正才能使谷神正气充盈。正确的坐姿可以帮助我们更好地入定，不良的坐姿容易导致身心方面的疾病。不管修身还是做事，只有遵循法则，才能从中受益，不可以自行妄为。紧接着腰部要放松，肚脐向后推命门，不能塌腰或翘臀，臀部可以垫高二三寸。肩平直，头顶心向上，后脑勺略微向后收，下巴稍微向内收，这样做的目的是让我们的脊柱能够中正向上，能量能够循环往复滋养全身。接下来再用舌抵住上颚，使上下能连接。双手结定印，右手掌仰放在左手掌上，两大拇指相碰，双目垂帘关闭，向内观照。另外，在气候微凉时，两膝、后颈和腰部需要用毛毯或者围巾包裹保暖，不可受凉。静坐时要去掉多余的束缚，如手表、眼镜、发卡等，裤子也尽量选择宽松舒适的。还需要注意的是，刚吃过饭不可马上静坐。倘若在室内静坐，光线不要太亮，空气要流通，还要避开风口。下坐时，两手搓热放在面部，特别是眼部周围；因为面部对应着我们的内脏系统，搓热的双手可以促进眼周血液循环，养护内脏。平时如果感觉眼睛累了，也可以用此方法来按摩眼睛，眼睛很快就会恢复明亮。

　　静坐时，如果我们感觉到紧张、散乱、无序、心情无法平静下来，可以尝试用数息的方法使自己回到当下，不被意识这匹野马带着向外奔驰。可以用最简易的数息方法：由一数到十，再由十倒数至一，如此反复，使自己在呼吸时没有杂念，只有数字。起初我们的呼吸可能会比较粗钝短促，那是因为我们的身和心还不够清净；只要持之以恒，我们的觉知会越来越精微，身体会越来越通透，心灵也会越来越纯净光明，呼吸也会变得精细绵长。数息的目的是驱除妄念，让游离的心回到当下，觉知呼吸就是觉知自己的本来面貌，让心念专注于当下的一呼一吸，去聆听自己的呼吸声，去观自己的起心动念，去观自己的心到底被什么缠缚不得解脱，烦恼又从何而来。不是用眼看，而是用心去觉察它，不要去压制或者逃避，让它来去自如。如果刻意去阻止，它就会变得强大，我们就会被它干扰，要顺其自然，只作如是观。当思绪又游离时，再用呼吸把自己带回到当下，让杂念随着呼吸扩散出去，扩大自己的心量。不管在静坐中观到什么，那都只是我们寻求本心之外的虚妄幻想，并不是那个如如不动的自性。那颗圆满具足的本心隐藏在千变万化的妄念背后，就像被乌云遮住了光明的太阳一样。本心一直在那里，住在无为之境中。只有在自然的状态下修之不辍，不以有心求，也不以言求，本心将不求自来。

许多讲丹道修炼的书籍都提到让修士意守下丹田，也就是谷神的居所、先天元气的所在地，这是结"果"处。但刚开始练习静坐时，不应该死守一个点，而应该寻找身体哪个窍能使自己更快地平静入定。比如观上丹田眉心的一轮太阳或圆月，想象那一束光洒在你的泥丸宫，通过呼吸把这束光的能量再普散出去，让更多人都能被光明沐浴；也可以观中丹田的心间有一朵纯白的莲花盛开，你被沁人心脾的芳香所熏染，心灵也得到了净化；还可以观下丹田（脐下三寸处）里坐着一个面色红润的赤子，在随着自己的修行慢慢生长。总之，去寻找身上的玄关一窍，让自己安定在静中，去观那来了又去、去了又来的浮云妄念，再用呼吸把自己带回到当下。守住一窍长久习练，当自己能静了，就忘掉所有的方法。

当养成了静坐的习惯后，我们的生活态度就会逐渐改变，会在静坐中收获如如不动的平和心，再将其自然地运用到生活中去；会逐渐对外界的纷扰不做回应和评判，像旁观者一样，只是看着外界的纷纭变化，但只是看着，不做出反应。慢慢地，我们不再容易被外界所影响了，内心也变得越来越强大而柔韧了，心不那么急躁不安了，我们就找到了自己内在的依止。有了"定海神针"，情绪和感受也能自己掌控，不再轻易被意识的二元思维驱使，把简单的人事物变得复杂。当我们回归简单，许多事也不解而解了，自己的心灵也变得更加丰盈自足、平和喜乐了。这一切的改变，都是自然而然的。好的一切都是自然而然运化来的，着力即差，勉强的都不会长久下去，更不可能从中获益。天地就是在自然而然地造化万物，没有任何勉强的意愿。以自然而然的心境来修行，我们的生命也会充满生生不息的活力。

茶汤的能量

茶树的生长环境决定着茶叶的内涵物质是否丰富，当然还会直接影响一杯茶汤的能量。生长在无污染的高山上的大叶种茶树，因扎根深厚且日照充足，茶汤的能量是最强劲的；生长在道路两旁黄土里的灌木茶树，因汽车尾气或农残等污染，破坏了茶树的天然属性，这样的茶汤自然能量会弱很多，口感也会比较粗重。

一方茶水养一方人。我们吃到的食物，也会因土壤环境、气候和种植方式不同，使身体获取的能量不同。好的东西吃下去后，我们的身体会很快发热，食物在胃里会快速消化，转化成身体的能量。有能量的茶汤也是如此，它会促进血液循环，帮助身体排毒，身体也会很快就出汗，有热感升腾。如果东西没吃对，不但不能补益我们的身体，反而会消耗我们自身的能量去消化这些食物。所以有的饭吃下来，身体反而变冷了，而且过一会儿就饿了。

食物的本质是给我们的身体提供营养，但如果食材是反季节催熟的，或者加工方式不当，或者添加剂放太多，都会破坏食材本来的营养。长期吃这样的食物会导致身体阴寒虚弱，容易生病。在选择食材时，应该多方考察，这样才能让身体又美又健康。真正的大餐不是看起来有多奢侈豪华，而是要关注食物本身是否新鲜且应季，吃完后身体和肠胃是否舒适。我们现在的生活节奏快，白天工作消耗了大量的能量，所以吃的东西要尽量保证天然少污染，这样才能保持身心健康。吃，是人生头等大事，我们吃的所有食物，其实都是在吃天地之气——能量。这也是每天我们与天地沟通、受到天地加持的方式之一。

健康生活水知道

　　水是人类生命的源泉，也是促进人体新陈代谢的重要载体，咀嚼食物需要唾液，消化食物需要胃液，没有水，生命将会中止，因此，在生活中选择好水饮用非常重要。我们平时只注重食物的营养，常常忽略了水的重要性，水能促进人体的消化和吸收、循环和排泄。每天要保证充足的补水量，才能发挥食物的营养价值，滋养身体。那什么样的水饮用后对身体才是有益的呢？

　　不同地区的水，带有不同的信息，也具有不同的作用。它们承载了大自然的能量，通过恰当的方法治理后再饮用，就可供人体吸收，有益于我们的身心。就像人一样，不同的人身上带有不同的气场，所以，不同的人不管是倒的水还是冲泡的茶汤，味道都不相同，身体敏感的人饮用后能感受到不同。在保证饮用到外部环境中健康的水的同时，如何净化我们体内已存在的 70% 的水就显得尤其重要了。体内的这部分水，需要我们的意识主动向善，才能变得干净，从而有益于我们五脏六腑的滋润和气脉的流畅。江本胜先生的《水知道答案》中说："水具有隐形功能，你用善良有爱的心对待水，水便会结出漂亮的结晶；你用邪恶仇恨的心对待水，水就会结出丑陋的形状。"水能全息传递看不见的能量信息。万物有灵，万物皆能量。

　　早一点净化体内的水，使我们回归纯净和平静，我们的身心也会更加清明健康。多看多接近美好的事物、与正能量的人在一起并向其学习、多行善帮人，等等，调频自己少动意识和邪念，让心灵回归简单。水与万物都是无意识的，从根本转变，让自己与水同频，才能更好地得到自然的补养。否则我们喝的水再干净，也会被自己的杂念所污染。当自己能量不足时，要借助爱与干净高频的人和环境去修复自己。同频的人会相互吸引，能量不足时尽量远离复杂的人和环境，这样能减少对自己情绪的影响。减少对自己的污染，及时修正自己，找方法快速净化自己身上的负能量。人在状态不清醒时，容易做出不利于未来的决定。如果这个时候内心有声音在提示自己，或者感觉自己的状态越来越不好，就要及时知止调整，果断放弃，不要计较当下一城一池的得失，这样才能避免造成不可挽回的损失。

上善若水，水善利万物而不与万物相争。德行高的人就像水一样，无论什么时候都能给我们带来滋养。因此选择身边的人时，其人品非常重要。跟德行高的人交往，不用整天提防对方，身心也会更加和平安宁，生命境界也会得到提升。

关于运动

我们常说："生命在于运动。"这有一定的道理，适量的运动有助于促进阳气的生发。阳气是我们生命的原动力，动则生阳。运动还能促进身体推陈出新，但是要适量适度。好的运动不需要大量出汗，汗为血之源，在内为血，在外为汗。运动是为了锻炼筋骨，促进气脉循环流动，调节内外的平衡。不健康的运动认知和习惯，不但不会让身体更强壮，还会使身体羸弱以及气血亏虚。

其实，我们可以觉知一下自己的身体反应，在长时间运动之后，可以感觉一下自己是比原先更有精气神了还是更疲惫了，睡眠质量是变好了还是变差了，心情是变得更平和快乐了还是变得更加抑郁焦虑了。这些是可以自己实证的。有的人运动后还会喝冷饮解渴，这很容易增加心梗突发的概率，严重的还会导致猝死。养生不成，反成伤身。

　　大自然中的万物，一年四季都在顺应春生夏长、秋收冬藏的规律运行，所以我们运动的量和时间也需要顺时调整，不能一个模式一整年都不变。比如夏天天气炎热出汗多，本身身体的气就比较虚弱，如果还大量运动，身体消耗的能量就会更多，身体会变得更虚弱。除此之外，运动的时间也尽量选择上午或者下午五点之前，晚上是人体休养的时候，天地之间阴阳平衡才能使万物生长，人体也要阴阳平衡才能吃得香、睡得好、行得稳。晚上不适合再做剧烈运动，身体太亢奋了会影响睡眠质量，长此以往还会因身体消耗过度影响到人心理的健康。除了运动的时间需要调整之外，运动的季节也很重要，冬季是万物收藏的时候，人体也应当养精蓄锐，除了减少剧烈运动之外，还应该调整运动时间，频率不要太高，或者缩短运动时长。冬季比较适合做一些拉伸的运动项目，只要能促进气脉的循环就好了，不能消耗太多。如此，才能有利于人体的收藏，来年才有更多向上生发的能量。

叩启平衡健康益生之门

　　什么样的生活方式才是健康的呢？顺应自然，规律饮食起居，适量运动，平衡心理状态。比如，早睡早起，身体的精气神一定会充足饱满；在饮食上以清淡健康的食材为主，不吃添加剂太多的"垃圾食品"，不为了满足口腹之欲而吃荤腥燥辣等口味太重的东西；每天坚持适量的运动；结交正能量的朋友；保持宽广的胸襟和乐观的心态；等等。养成良好的行住坐卧习惯，持之以恒，就能达到我们想要的平衡健康的身心状态。

　　《道德经》中有句"自胜者强"，这句话可以理解为，自律的人才是真正的强者。强大的人是内心有力量但外在温柔的人，是道德能量强大的人，而不是力大威猛、外强中干的人。自律不只是指身体层面通过坚持某一项运动来达到对体重或身材的管理，自律更深层的意思是内心对各种欲望的控制，不断战胜人性的弱点。身体总是贪图安逸享乐，喜欢美丽新奇的事物，以满足欲望、消耗自己来获得快乐。如果能够觉知自己欲望的生起，并能加以控制不过度向外，而是转念回来将能量用在对生命有意义的事情上，这样才算是真正的健康且爱自己。我们当下选择的生活方式，是在爱自己还是在虐自己呢？比如，很多人在大量运动时，身体已经吃不消了，但仍选择不去聆听身体要求停下的声音，还要勉强自己再继续消耗自己的生命能量。这怎么算是爱自己呢？

本真的味道

　　上好的食物，味道都很清淡，越清淡，越需要用心品味，好茶也是如此。元代诗人王哲曾说："茶无绝品，至真为上。"有一些顶级绿茶，喝起来就是淡淡的、似有若无的感觉，香与味完美融合在一起，只有味觉灵敏的人，才能品味到它的真味。清淡干净的食物也是如此，它们能快速刺激人的口腔生津回甘。好东西都有一个共性，即会令我们的身体很快发热，生发的能量会促使气脉流动和畅。好人也是如此，相处起来不会让人感到有任何危险的气息，不会很快让人上头心动；他们总是那么恬淡平和，给人如沐春风的感觉，让人心安，想要主动去靠近。物无美恶，过则为灾，关系也一样，把握好度很重要。

　　当我们的味觉时常受到过度的酸甜苦辣咸的刺激，味觉的灵敏度会逐渐下降，就不容易品尝出食物本真的味道了。食品里的各种添加剂会损伤我们的脏器，影响身体的健康；情绪也会因饮食的复杂而变得越来越暴躁易怒，特别是辛辣食物和酒精摄入太多的人群。身心是相互影响的。传统道家很注重养生，一些修行得好的瑜伽士也一样，为了能够保持身心平和，对许多食物都是忌口的。吃东西只是为了使身体能量充沛，能正常地做事以及修心养命，让心性畅达，与自然融为一体。看淡有形的外物，看重无形的修养。道家把目、耳、口、鼻、心视为五欲，认为我们的元神就是被这感官的五欲所害。贪色伤神使人目盲；贪声伤精使人耳聋；贪重味会令人难以品尝出真味，使人心烦意乱。过度的欲望对身体有害无益，如果身体完全被感官支配，就会不断向外追逐消耗身体，从而降低生活的品质、消耗自身的德行。所以，要克制自己，不要欲望过多。

我们生命的主宰，即我们内在的元神，喜欢干净与正能量，只有磁场干净的人和环境，才能吸引同频的好人好事。要想运气好，先把气运化好，取舍要平衡，不能既要好，又不做出正确的改变。人不能贪心，想拥有一个好的状态，就需要控制自己的饮食、起居和社交。交友要交可以相互启迪成长的良师益友。身边的朋友是一面镜子，可以用此镜来照见自己。

在一段关系中，如果发现对方的认知水平比较低，这时候应该向下兼容，不与他争；如果遇到认知水平比我们高的人，应该收起自己的善妒傲慢心，谦卑地向对方请教学习，因为这样的机会很难得。遗憾的是，我们经常用言语或外在条件去压倒对方，还自认为更胜一筹，其实是对方不屑与我们相争。早一点觉悟是好的，在没有觉悟之前，我们做出的许多行为，都是背离真相和规律的，只是在同一个维度上做不必要的添加。真正涵养深厚的人，他们深知榜样的力量，总是在无形中默默点亮别人的心灯，让迷途的人找到回归的方向。我们都听过"相由心生"，很多人理解为一个人心中有爱、眼里有光，看起来面相好。其实它更深层次的意思是，我们所看到的世界是自己内心的投射，心里有爱，处处皆可爱。在与人发生冲突时，我们要尽量多一分宽容和理解。

初春的一天，我去成都周边的石经寺做义工，看到一副对联上写着："僧家不比世味浓，客至莫嫌茶味淡。"当下启迪了我的感悟："淡中交耐久，淡里品真味。"繁华之外的清欢生活，才是生活本真的味道，才能让人心安踏实。成人世界里，虽有游行之乐，却难获静室之安，岁久之淡，唯平常能持，平淡之中才有真情流露。

简约的慢生活

　　木心先生在《从前慢》中说："从前车马很慢，书信很远，一生只够爱一个人。"不知何时起，人们的生活变得不再像从前那样简单了，平静的生活被外界的喧嚣扰乱了本有的节奏，人们逐渐习惯了复杂的生活，忽略了身边单纯的美好。很多人静不下心来去享受简单的生活带来的幸福，要不断向外去追寻幸福，结果把简单的幸福和创造幸福的能力也弄丢了。这些人总觉得自己的生活不够精彩丰富，羡慕别人的生活，但自己又不用心去学习和经营自己的生活，在攀比与埋怨中，把自己温暖的港湾变成想要逃离的牢笼。

　　人越是向外追寻，就离幸福的生活和本真的自己越远。外面的世界看起来很精彩，那只是看起来精彩，就像别人也同样在羡慕你的生活一样。再说了，即使是真的精彩，如果没有修行出一定的定力，就容易被环境裹挟同化，迷失自己回家的方向。做加法容易，做减法难，特别是在复杂的社会中，有太多自己没有见识过的新奇事物，如果没有信仰和定力，人就容易在欲望的驱使下想要去尝试。人一旦习惯了奢侈复杂的刺激，就很难再回归平静的生活、享受简单的幸福了。人心是贪婪的，喜欢繁华多样的生活，其实这是内心空洞的表现。内心的空洞是无法用外物填补的，它们不在同一个维度。有形的东西只能解决有形的问题，无形的问题要交给持续修行来解决。

　家是心灵的加油站，把过多的精力投入在外，家就会逐渐变成一个冷漠的空壳。没有往家里添油，又如何得到家庭的滋养，又拿什么供我们在外消耗呢？辛苦一天回到家，本该享受一家人相聚的闲暇时光，结果大部分人都习惯性地拿起手机或者沉迷在网络世界里。这只会让家人之间越来越缺少真诚沟通的意愿，也会逐渐丧失彼此连接的能力。大部分人宁愿与冰冷的机器为伴，也不想跟家人沟通，觉得电子产品不仅能给自己带来快乐，还能减少因交流而产生的矛盾。可真相是，机器只会让我们越来越冷漠，眼中的世界与心中的格局只会越来越狭隘。生活是真实有温度的，我们需要与人真诚互动，彼此滋养。家是让人卸下防备、以心相待的地方，现在却变成了人在一个屋檐下、彼此的心却咫尺天涯。彼此有了争执，就通过简单粗暴的方式去解决问题、发泄情绪，不会心平气和地坐下来耐心与对方沟通，回归事情的本质去解决问题。很多人的耐心和精力，都用在了电子产品和应酬家人之外的人事物了，哪里还有耐心再去和自己身边人真诚沟通？他们对家人就只会暴露自己最真实的面容。想收获幸福的生活，又不用心耕耘，不以诚相待，幸福怎会来敲门呢？就像网络上说的："不会游泳的人，换游泳池是没用的。"不管和谁在一起，一旦新鲜感没了，结局都是一样的。

你看，我们的生活并没有因为拥有得越来越多而变得越来越好，相反，外在的问题和内心的矛盾冲突却变得越来越多了。我们得到了自己想要的，同时也失去了最珍贵的。我们大多数人都不懂珍惜当下拥有的，总在后悔已经失去的和希冀还未得到的。知足才能常乐啊！

站在我家阳台上远眺，能清晰地看见对面的一座大山，特别是雨后云雾缭绕的景色让我心生向往，最近我在思考走哪条路可以上山。人们习惯向往远方，总觉得还有更好的美景在前面等着我们去发现，而忽略了当下的美好。其实当下发现不了的，远方也没有，心中所追寻的宝藏就在身边，我们却因为受自身的贪欲、傲慢与偏见的桎梏，发现不了，在日复一日的游离间蹉跎岁月。人生是一条单行道，只能不断前行，没有回头路。

回归简单的本质

道家把道看得高于一切，而儒家把仁作为修身养性、为人处世的最高标准，希望人们用一颗宽厚朴实的心多为别人着想，并将美好的品德落实到行动中。其实人在最初圆满的状态时，本身就是真善美慧的化身，因受环境的污染和欲望攀比的影响，内心逐渐丢失了真善美的根本。只有回归自然的状态，才能发自内心地仁爱谦让。就像人与人之间的相处，不管外在表现得多么谦逊有礼，如果不是发自内心地认可对方的人品，只是出于利益或者礼貌而客气，这样的关系是不能长久的。只有真诚才能照见真诚，言行都出于自然本真，彼此抛开虚伪的外在，回归简单的本质交往，关系才会变得长久。真诚是最省事的，可以直接抵达本质又节约能量，既不内耗，也不浪费他人的时间和精力。

道家一向推崇返璞归真，反对虚伪且华而不实的形式，让人们少一些思虑，多一些天真，少一些造作消耗自己，养护人们的精气神。成人世界里的简单天真不是无知，而是内在的丰盈和智慧，是历经千帆后仍能守住初心，是看尽繁华后甘于平淡，是能透过表象洞见事物的本质。越是复杂的人，他的内在越是空洞匮乏，太注重结果反而没有能量去行好当下，往往会弄巧成拙。复杂的人大都是虚伪无力的，善于伪装表演，这其实是特别消耗能量的，伪装的行为也经不起时间和事情的考验，时间一长总是会露出破绽，到头来还是搬起石头砸自己的脚。

真诚待人，永远是最简单且亘古不变的真理，既不消耗自己，又能触及事物的本质。过于内耗的生活是不值得过的，也不可能让人体会到真正的幸福，因为幸福是一颗真心的真实呈现。一个人只有心里渴望回归简单，自己才能看见光明并趋向光明，如果机缘成熟，找到了回归的正确方向和方法，就要下定决心从内心去觉悟和革命。知、觉、悟、行，是一个次第。很多人没有正确的知见和知识，也没有恢复自己的觉知和恻隐之心，更没有从事情中去向内观照、领悟真理，就盲目地按照自己错误的知见和方向去行，还美其名曰行在当下。殊不知无明的行，只会南辕北辙，浪费光阴；只有清明智慧且有方向的行，才能让人轻松愉快地抵达彼岸世界，即当下世界。

简单变复杂很容易，生活处处考验自己的定力，只有坚定自己心中的信念和方向，才不会被周围影响。世道艰难，当面对诱惑时要保持清醒的觉知，才能做出正确判断和取舍。当然，道阻且长的一生，孰能无过，特别是涉世未深还不懂世道人心的复杂时，很难不被诱惑。如果不小心做了错误的选择，意识到了就及时忏悔改正，再朝着光明的方向迈进。每个人都在摸着石头过河，前半生多经历、多犯错、多总结经验，后半生能清醒智慧地过有意义的人生，所有过往的经历就都是有意义的。最怕的是，后半生还在错误中虚度，这就有点遗憾了。

放下执着的心

《华严经》曰："无一众生而不具有如来智慧，但以妄想颠倒执着而不证得。"我们每个人的初心都是具足圆满的，人人都具有无穷的智慧和无量的福德，但却因为受到外部世界的影响，逐渐迷失了圆满的初心。由于自己的心不够平静，头脑不够清明，就无法照见真实和本质，在颠倒妄想中执着于虚幻的外部世界，无法从烦恼痛苦中得到解脱。执着，是一切问题的根源。执着的本质，是想要抓住点什么让自己更加安全。其实，执着并不能让人抓住什么，只能带给人痛苦。因为外在的事物是各种条件的临时聚合且时刻都在变化，我们却相信外在的一切是恒常不变的，想要把控住不变的状态，可外在却总是不在我们的预料之中，所以我们的心情也会时刻随着外界的变化而波动起伏。

我们把太多的精力都消耗在妄想掌控外部世界上，而不是转念和掌控自己的心念和行为。如果我们连自己都无法控制，又如何去控制外在呢？执着的背后源于"我"，我执太重的人，大多都自私冷漠，凡事以自我为中心，习惯索取且不知感恩，榨干别人的价值就无情抛弃。爱索取的人，本质上源于自身的匮乏，无论是心灵还是物质。我执太重的人在面对问题时，很少反省自己，心里也很难真正容纳下他人和他人的声音，所以格局狭隘且分别心重。我执太重的人在与人交往时很难用真心去对待他人，总会想着对方是否想从自己这里索取什么，生命的状态是封闭且不快乐的，生命力是虚弱的。

想要获得快乐，就要放下自己，打开心灵的门户，打开自己的心量格局，让他人能走进来，让爱的能量流动起来，就像大海一样，放低自己才能引来百川归附。曾经我听某人说："想要放下，就要先拿起。没有拿起，又如何放下？"他的意思是，若没有经历过荣华富贵，如何放下？我想这应该是曲解了放下的意思。佛家所提倡的放下，是无我的，是让我们放下一颗执着的心。你可以拿起万物，也可以什么都没有经历过，但是不要执着于当下所拥有的。一旦执着于当下所拥有的，人就会陷入痛苦中，因为外界并不会因人的执着就成为永恒不变的，一切都只是当下拥有。

为了摆脱痛苦，我们需要从所执着的人事物中出离，这样才能体验生命超然物外的自由。当我们把执着妄想的心收回来，关注和经营好自己，让一切都顺其自然地发展，自己也会更加轻松愉快。事实上，事物发展的规律本就如此，聚散合离终有时，一切都在按照本有的节奏自然发生。人力所能做的，只有顺其自然，做好每个当下该做的。只要能顺其自然，就会坦然接纳当下的一切，借境炼心。是你的终归是你的，不是你的，你执着也没有用，只是庸人自扰罢了。我们这短暂的一生，是不可能拿起所有我们想拿起的东西的，但是我们可以选择不被外界的东西蒙蔽和诱惑自己的心，心始终是自由敞亮的，也可以做到如如不动地只是看着外界，就像天空俯瞰大地一样。

握紧拳头，拳头里面什么也没有，伸开双手才能拥有一切。我们所拥有的，都是自己的作为获得的，不是靠执着而得到的。一个人执着时，就会因为一叶障目而失去最珍贵的东西。只有放下执着，让一切该来的来、该走的走，才能获得自由宽广的空间，呈现自性的光芒，收获真正由内心生发的喜乐，体悟到智慧与福德圆满的境界。

庄严净土

　　"庄严净土"出自《金刚经》，我认为它在世俗层面有三层含义：一是让人们用美好的东西和鲜花装点所处的环境且保持洁净，这样人们才能在干净的磁场中得到净化和滋养；二是我们的身体要保持洁净清爽；三是及时净化我们的意识杂念，回归纯净的心。

　　人靠衣装，衣服也有能量，我们的穿着打扮会直接影响我们的气场，所以哪怕是在家也要把自己收拾得干净得体。我们整洁的仪表，也代表着对自己和他人的尊重。爱美之心人皆有之，虽然高贵有趣的灵魂比美丽的外表更可贵，但是谁也没有义务透过连有些人自己都不在意的邋遢外表，去欣赏他们有趣的灵魂，所以外表的整洁素雅是一道门槛。我们不用每天穿戴得多么奢华，只要看起来清爽美好就很好了。在不同的场合，要穿与之匹配的衣服，才能更好地加持自己。

除了我们的仪表与所处的环境要庄严美好之外，庄严净土更深层的内涵是自心净土。它提示我们要时刻保持内心的清净，扫除心中的尘垢和意识的杂念，在心中种满鲜花并定期除草（贪嗔痴慢疑恶见等不良习气）、浇水，保持澄澈明净，使内在丰盈，充满爱与能量，这样生命才会美好。当我们养育植物或动物时，只要用心养，我们也会被它们滋养。比如养花，它们与磁场干净的人有着同频的能量场，和花在一起彼此都会得到净化和能量，不只是人被花滋养，人也会滋养花长得更好。养动物也是一样的，性格温和的人养的动物更温驯，暴躁易怒的人养的动物也会更凶恶。同理，自身磁场好也会吸引同频的人和事来到身边，所以内在无形的能量决定着我们有形的一切，就像一花一茶，只需要天地之气和雨露就能自然生长，因为它们遵道而行。

某天我像往常一样散步，在通往河边的一条田埂上，无意间发现了一朵开得正艳的牵牛花，于是我折了一枝带回家。因为牵牛花比较娇气，离开地气就容易枯萎，于是我小心翼翼地保护着花枝上那唯一一朵娇滴滴的花朵。看着摇摇欲坠的它，我加快了回家的步伐。当时我想的是，这朵弱小的花只要能撑到我拍个茶席花的照片就行了，没想到的是，这个顽强的生命在第二天又开了崭新的一朵，就这样持续了大概三周，几乎隔天就会新开一朵。世间许多事都是这样的，无心插柳柳成荫。
在这将近一个月里，这枝牵牛花给了我无限的惊喜和感动。每
天清晨看到这个鲜活的生命，我都会情不自禁地感叹："又开
了一朵，真是太美好了！"那段时间，我每天的能量都从清晨
打开灯看见它开始。牵牛花早上开花晚上谢，并且开过的花就
不会再开了，它的花期太短，所以只争朝夕；不管有没有人关注，
时间到了，它就会绽放，是谁在推动它生发呢？自然的力量是
强大的。天地大美，妙在自然法道，借美好的外在事物，净化
和滋养心灵回归自然。

家是一盏灯

　　一天下午，我站在家的阳台上向下看，川流不息的汽车极速奔跑着，这让我想到，时代也如车轮一样滚滚向前，事物迭代的速度也越来越快，人们不自觉地被裹挟着不断向前，很多人迷失了自己的方向和本有的节奏。人一旦失去了自己的定位和初心，就会把简单、有规律的事物和关系变得越来越复杂，就像一部刹车失灵的汽车一样停不下来，一旦停下来就会感觉焦虑，焦虑的情绪又驱使人们往外走，好像只有让自己"卷"起来，才感觉充实安全。

　　其实，这都是我们的错觉，人在迷失方向时，速度越快，离正确的目标越远。由于重心在外，温暖的港湾就变成了只供肉体休息的酒店，即使人回到家，也无法静下心来感受家的温暖。脑袋里装满了利害得失，没有空间感受家庭的温暖，也无法吸收家人输送的能量来加持自己。白天在外奔波，晚上参加应酬，还得不到家庭的滋养，整天都在耗能，如何维持身体健康的运转呢？只有该拿起时拿起，该放下回归时就放下，才能使一切变得井然有序，恢复到原有的轨道上正常运转。

很多人都在迷茫中寻找出口，要么寻找心灵的出口，要么寻找物质的出口。可是解药并不在远方，就在当下那个强大不变的内核中。人人身在此山中，却身在福中不知福，外在世界的动荡是外在的，只要自己的心不随外在动荡，该做什么继续做，就不会陷入"卷"而无功的磁场中。许多人的物质已经相当丰富了，但还是在不断地做加法，搞得自己疲惫地负重前行。没有内在的平衡，感受不到生活本真的美好，反而使自己变得越来越空洞无趣。一个人的空间就那么大，装满了沉重的外物，又哪有空间装家人和幸福呢？所以有必要每个月给自己固定的时间，让自己慢下来，暂停下来空一空，倒掉一些垃圾，让自己松弛一点、喘口气，寻找一下自己的坐标，让它指引自己调整方向，找到回家的路。

方向错了，所有的努力都没有价值，只是对自我的消耗，速度越快越危险，最后还要掉头回来重新来过。只有定期慢下来检查"车辆"是否健康，修理自己的不足，保持不断学习的上进心，不断积累沉淀，整合更新自己的优势，升级自己的系统，再朝着正确的方向用适合自己的节奏稳步前行，这样才能从容应对外界的变化。守住心中的一盏明灯，白天向外，晚上朝着正确的方向向内回归，这样我们就能清醒地驾驶着自己的"车辆"自如前行。

独一无二的奢侈品

　　人在欲望的驱使下，会做出许多离奇的事情，比如有人为了拥有一件奢侈品，让自己吃一个月的泡面。这种行为让常人难以理解，如果是真心喜欢，在自己购买能力范围内的奢侈品，是可以满足自己的，但如果是为了穿戴给别人看，以此来满足自己的虚荣心，那实在是不值得。当一个人的气质没有修炼到位时，即使把价格昂贵的东西穿戴在身上，也会给人一种借来的感觉，反而显得庸俗。

　　人有属于自己的气场，与气质匹配的，才是最高级的。真正的自信，是从心底觉得自己就是珍宝，穿名牌是在给名牌加分，而不是让奢侈品牌来给自己加分。如果对自己有正确的认知，找到适合自己气质的服饰，哪怕是几十块钱的衣服，也能穿出高级感。所以，培养内在的气质才是最重要的。每个人其实都是奢侈品，是我们忽略了自己，把自己变得廉价了，反而把物品凌驾于自己之上。厚德才能载物，只有将财富用到合适的地方，才不会被外物绑架自己。物质贫乏的人，在勤俭中如果还能够保持安贫乐道的心态，不被外物所移，不改初心一如既往地丰富自己的内在，安住在自己平静的生活中，不艳羡他人的生活，就能平安喜乐地度过一生。平平淡淡才是真，少点欲望才养生。物质贫穷不可怕，只要干净有志气，活得就有尊严；最怕物质贫穷，心也穷。无论富贵还是贫穷，都不是恒常的，当自己的德行无法承载的时候，转眼之间就会从高处跌入深谷；一切都如烟云般聚散无常，只有此心长明。所以，要在苦中作乐、甜中思苦，无论顺境还是逆境，贫穷还是富有，都怀有惜福、感恩之心。

人在健康的时候，很少去考虑身体的问题，只有等到身体出问题了，才会觉知身体健康的重要性。拥有健康的身体和积极的心态，永远是最重要的，其他的都是锦上添花的附属品。我们初来世上本就一无所有，离开时也是一样，中间的旅途就是让我们去尽心经历和体验的，过程中发生的一切都不必当真，但是要认真对待。其实，奢华的尽头是朴实，越朴实，越简单，才越高级。用简单朴素呈现高级，这是一门做减法的学问。

感受生命本真的美好

庄子的《逍遥游》中说："举世誉之而不加劝，举世非之而不加沮。"当面对外界的评价时，我们会是什么态度呢？是听到赞誉就更加奋进、听到诽谤就感到沮丧呢，还是无论外界如何评价，始终能清晰地知道自身和外物之间的关系，不轻易被外界的声音影响自己的节奏呢？

在生活中，我们需要真实赞美的声音，它能使我们感受到生活带来的自由美好，也是促进自己变得更优秀的力量。在工作中，我们也需要得到他人的认可，它能促进我们把工作做到极致，使我们产生持续进步的动力。在与爱人相处时，赞美能促进彼此的感情变得更加和谐。在陪伴孩子成长的过程中，赞美能使孩子更加自信阳光、充满力量。凡事都有两面，接受了别人给予的赞美，就要做好面对他人嘲讽和诽谤的准备；享受了这一面的好，就要承担另一面的坏，生命就是在好与坏之间取得平衡。所以在做每一个决定之前，都要想想自己是否能承担这个决定带来的后果，想清楚了再开始，才能避免未来承受不能承受之重。

有自知的人是平和的，在面对赞美时能清醒地自知，不管外界如何看待自己，都能清醒地知道自己的缺点和优点。他们不会因为别人的喜欢而膨胀，也不会因为别人的不喜欢而自卑，不会根据别人对自己的态度来确定自己的价值，始终保持平常心，"不以物喜，不以己悲"，不管有没有外在的鲜花与掌声，只是顺其自然地按照自己本有的节奏踏实地前行。其实，不管获得多大成就，都是自己努力的成果，成就越大越无法用言语来表达那份沉重，就像真正的爱一样，没有办法用语言表达出全部的感受。世间一切深刻的感受，用语言常常无法表达，所以懂得的人自然能用心感受到。

如果不自知、把握不好度，就容易沉迷在外界的赞美声中，为了获得他人的认可和崇拜，把过多的精力花在打造自己的外在上，朝着自负自恋的方面发展，给自己和他人造成困扰，有意无意地强行改变他人的思想，把真实的生活变成"秀场"，在世间出色地扮演各种角色，唯独不是自己。鲜花与掌声是外界给予的，只有内心富足，追求真实生活，才不会沉迷其中、迷失本来的自己。荣誉是一种分别心，也是导致人们产生分别心的原因之一。

我们常常如此，被人赞美就会有心理压力，想要做得更好或者保持优秀，但这样会让人失去原本自然的状态。人越是刻意作为表现自己，就越会为了追求优秀卓越而折磨本自具足的自己，为了追求外在的功名利禄而变得阴暗狡诈，为了追求珠光宝气的浮华生活而变得虚荣，等等。越有为，越会失去自然结出的美好果实。因为一个人失去了内在的真善美，即使外表粉饰得华丽高贵，也是肤浅丑陋的。无论什么关系，只有内外一起变得真善美好，才能平衡、长久。所以只要心态一变，生活和工作努力的方向就会发生改变，做出来的事情也会发生质的变化。

作秀的生活和真实的生活有着本质的差距，一个是为了表演给别人看，生命是消耗的状态；一个是真实地在滋养生命。如果是我们身边亲密的人，我们应该做的是，在对方成功时给予肯定，在对方过度膨胀时给予警醒，在对方失败时给予鼓励与陪伴。现实中一部分夫妻可以共苦，不能同甘；朋友之间可以同甘，不能共苦；对孩子的态度是，允许孩子努力优秀，但不能接受他的平庸。然而，真实的生活是成功与失败并存的。有道的人在跟人交往时，不会因为对方的身份地位的变化而改变自己的态度，不管外界发生什么，始终如一地支持对方，用行为让对方感受到自己的爱与坚定；在对方需要时出现，在对方得势时退隐。

对于大部分人来说，适当的激励是前进的动力，所以不要吝啬对他人的表扬。无论是对待爱人还是孩子，在表扬的同时，应该让对方感受到生命本真的价值和美好；当对方感受到不管外在如何变化，都只是外在的，不影响你爱他生命本真的样子，彼此就能在这段关系中享受到纯真的爱给生命带来的能量。真正幸福的生活，是允许并接纳一切发生，用一颗平常心在平淡的生活中创造新鲜感。

"玉不琢，不成器。"从另一个层面来说，为了外界而作秀，就不能踏实地静下心来把一件事深入地钻研透彻，没有行深的精神，就很难把一件事做到极致，生命也无法从做的事情中得到滋养。无论做什么，起初的招式都是越少越好，只有这样才有精力和时间去打磨自己由术载道直至融会贯通。不要过多地去追求虚名和形式，应该在自己的世界里安分守己地耕耘、敦厚朴实地做好自己当下该做的事，使内在道德充实，使生命强大有主宰，坚守心中的"一"，打好扎实的基础，年深日久自然会打磨出属于自己的光彩。

不管身处何位，任何时候都需要保持清醒和谦卑，不因他人或社会给予的虚名和掌声而改变自己对初心的坚守；也不管自己当下处在什么境遇，应该接纳自己如己所是。过好自己的生活，没有必要以别人现有的条件来给自己太大的压力，从而影响自己的幸福和节奏。把关注外在的心思收回来，想想自己当下拥有的优势是什么，花点时间找到自己，去创造适合自己的条件及环境，以最自然的心态和方式活出生命该有的美好。生命只有一次，在有生之年勇敢地去寻找自己的热爱，聆听自己的心声并追随自己的心。如果有幸在此生能够做自己热爱且擅长又能有利于他人的事情，还能以此来养活自己，就已经很幸福了。如果年轻人有缘分遇见一份真挚的感情，能和爱的人在一起健康地生活，并让对方也感到快乐，就已经是奢侈的一生了。人要知足，不能贪心，在前行的路上，只有定期回头看看自己走过的路，才不会迷失方向。

无论过怎样的一生，都要记得抱住自己的"一"不脱离，守住自己的初心再去追求外在，自己就是平衡的，也不容易偏离航线。在这种状态下如果有了名和利，就可以驾驭名利去做有益于社会的事，但同时也要有强大的内心去面对外界的毁誉。如果只想一生踏实安稳，那就安分坚定地过好当下的生活，还可以避免俗世的纷扰；如果有能力且想做有益于社会的事，就要顺势而为、勇往直前。如果失去了生命中"一"的根本，我们就没有能量来驾驭当下，所拥有的一切也只是短暂的，它们会通过各种方式散失。所以，贪多不如守一。自己先觉再返，成为生命的主人，用一颗平常心稳定地站在中立的位置上，任凭好坏毁誉起伏，但此心始终如如不动。只有守住内在的一，才能掌控外在的万物。

天地之间，一真而已。只有真，才能找到自己和道的规律。人为的赞誉是虚幻易变且微不足道的，为了得到这华而不实的称誉而作假背道，是不值得的。最高的赞誉是无声的，一个人只有不为得到他人的认可而做事时，才会自然地按照本有的节奏把事做好。合于道，摒弃喧嚣，把生命中叠加的重负卸下，归朴平常，回归生命的本质。

图书在版编目（CIP）数据

本真的生活 / 尚丹著. -- 北京 ：华夏出版社有限公司，
2025. -- ISBN 978-7-5222-0844-2

Ⅰ. TS971.21；B834.3

中国国家版本馆 CIP 数据核字第 2024250X3W 号

本真的生活

著　　者	尚　丹	
责任编辑	杜潇伟	
责任印制	顾瑞清	

出版发行	华夏出版社有限公司
经　　销	新华书店
印　　装	河北宝昌佳彩印刷有限公司
版　　次	2025 年 1 月北京第 1 版
	2025 年 1 月北京第 1 次印刷
开　　本	880×1230　1/32 开
印　　张	7.5
字　　数	122 千字
定　　价	59.00 元

华夏出版社有限公司　　地址：北京市东直门外香河园北里 4 号
　　　　　　　　　　　　邮编：100028 网址：www.hxph.com.cn
　　　　　　　　　　　　电话：（010）64663331（转）

若发现本版图书有印装质量问题，请与我社营销中心联系调换。